# 上海市工程建设规范

# 城镇天然气管道工程技术标准

Technical standard of urban natural gas pipeline engineering

DG/TJ 08—10—2022

J 10472—2022

主编单位：上海燃气有限公司

上海燃气工程设计研究有限公司

华东建筑设计研究院有限公司

批准部门：上海市住房和城乡建设管理委员会

施行日期：2023 年 2 月 1 日

同济大学出版社

2023 上海

**图书在版编目(CIP)数据**

城镇天然气管道工程技术标准 / 上海燃气有限公司，上海燃气工程设计研究有限公司，华东建筑设计研究院有限公司主编. —上海：同济大学出版社，2023.6

ISBN 978-7-5765-0720-1

Ⅰ. ①城… Ⅱ. ①上… ②上… ③华… Ⅲ. ①天然气输送-管道工程-工程管理 Ⅳ. ①TE973

中国国家版本馆 CIP 数据核字(2023)第 077169 号

# 城镇天然气管道工程技术标准

上海燃气有限公司
上海燃气工程设计研究有限公司　**主编**
华东建筑设计研究院有限公司

责任编辑　朱　勇
助理编辑　王映晓
责任校对　徐春莲
封面设计　陈益平

出版发行　同济大学出版社　　www.tongjipress.com.cn
（地址：上海市四平路 1239 号　邮编：200092　电话：021 - 65985622）
经　　销　全国各地新华书店
印　　刷　浦江求真印务有限公司
开　　本　889mm×1194mm　1/32
印　　张　4.25
字　　数　114 000
版　　次　2023 年 6 月第 1 版
印　　次　2023 年 6 月第 1 次印刷
书　　号　ISBN 978-7-5765-0720-1
定　　价　45.00 元

# 上海市住房和城乡建设管理委员会文件

沪建标定〔2022〕452 号

## 上海市住房和城乡建设管理委员会<br>关于批准《城镇天然气管道工程技术标准》<br>为上海市工程建设规范的通知

各有关单位：

由上海燃气有限公司、上海燃气工程设计研究有限公司和华东建筑设计研究院有限公司主编的《城镇天然气管道工程技术标准》，经我委审核，现批准为上海市工程建设规范，统一编号为DG/TJ 08—10—2022，自 2023 年 2 月 1 日起实施。原《城市煤气、天然气管道工程技术规程》DGJ 08—10—2004 同时废止。

本标准由上海市住房和城乡建设管理委员会负责管理，上海燃气有限公司负责解释。

上海市住房和城乡建设管理委员会

2022 年 9 月 9 日

# 前　言

根据上海市住房和城乡建设管理委员会《关于印发〈2018 年上海市工程建设规范、建筑标准设计编制计划〉的通知》(沪建标定〔2017〕898 号)的要求，标准编制组充分总结以往经验，结合新的发展形势和要求，参考国家、行业及本市相关标准规范和文献资料，并在广泛征求意见的基础上，编制了本标准。

本标准的主要内容有：总则；术语；计算；地下天然气管道；地上天然气管道；居民生活用气；公共建筑用气；工业企业生产用气；燃烧烟气的排除；门站、调压与计量；管道及设备的安装；试压与验收。

本标准在《城市煤气、天然气管道工程技术规程》DGJ 08—10—2004 的基础上进行了更新、修订和补充：①删除了人工煤气的相关内容；②增加了综合管廊内天然气管道的布置要求；③增加了涂覆钢管的相关内容；④调整了强度试验和严密性试验要求。

各单位及相关人员在执行本标准过程中，如有意见和建议，请反馈至上海市住房和城乡建设管理委员会(地址：上海市大沽路 100 号；邮编：200003；E-mail：shjsbzgl@163.com)，上海燃气有限公司(地址：上海市虹井路 159 号；邮编：201103)，上海市建筑建材业市场管理总站(地址：上海市小木桥路 683 号；邮编：200032；E-mail：shgcbz@163.com)，以供修订时参考。

**主 编 单 位：**上海燃气有限公司

上海燃气工程设计研究有限公司

华东建筑设计研究院有限公司

**参 编 单 位:** 上海能源建设集团有限公司
上海市消防救援总队
上海市安装工程集团有限公司

**主要起草人:** 孙永康　刘　军　孔庆芳　胡　瑛　陆智炜
刘　峰　沈　良　刘　毅　徐　宁　马迎秋
黄佳丽　王晓杰　王宜玮　杨　波　王坚安
陶志钧　张乐珍

**主要审查人:** 祝伟华　张　臻　郑海旭　张鲁冰　王海华
曾祥福　王敏敏

上海市建筑建材业市场管理总站

# 目　次

# Contents

# 1 总 则

**1.0.1** 为适应本市城市建设和天然气事业发展的需要，结合本市的具体情况制定本标准。

**1.0.2** 本标准适用于本市城镇天然气管道新建、扩建和改建工程的设计、安装及验收。

**1.0.3** 本标准适用于设计压力 $P$ 小于等于 1.6 MPa（表压）的天然气管道工程（不包括液态天然气），压力分级为：

次高压 A　$0.8\ \text{MPa}<P\leqslant 1.6\ \text{MPa}$

次高压 B　$0.4\ \text{MPa}<P\leqslant 0.8\ \text{MPa}$

中压 A　$0.2\ \text{MPa}<P\leqslant 0.4\ \text{MPa}$

中压 B　$0.01\ \text{MPa}<P\leqslant 0.2\ \text{MPa}$

低压　$P\leqslant 0.01\ \text{MPa}$

**1.0.4** 本市城镇天然气管道工程的设计应符合城市总体规划和燃气专项规划的要求，设计、安装应符合安全合理、技术先进、经济可行的原则。

**1.0.5** 本市城镇天然气管道工程的设计、安装及验收，除应符合本标准外，尚应符合国家、行业和本市现行有关标准的规定。

# 2 术 语

**2.0.1** 天然气干管 natural gas main pipe

埋设在城镇道路上且平行于道路轴线的管道。

**2.0.2** 天然气埋地支管 buried natural gas branch pipe

从埋地天然气干管上接出并垂直于干管的分支管道。

**2.0.3** 引入管 inlet pipe

室外天然气支管与用户天然气进口总阀门之间的管道。当无总阀门时，指室外天然气支管与距室外地面 1 m 高处的管道。

**2.0.4** 进户管 riser pipe

由引入管末端接出的水平管（包括补偿器）和接入建筑物穿墙后第一个弯头或三通组成的管道。

**2.0.5** 天然气自闭阀 natural gas automatic shut-off valve

安装在户内天然气管道上，同时具有超压、欠压、过流自动关闭功能，关闭时不借助外部动力，关闭后须手动开启的装置。

**2.0.6** 重要公共建筑 important public building

指性质重要、人员密集，发生火灾后损失大、影响大、伤亡大的公共建筑物，如市级机关办公楼、电子计算机中心、通信中心以及体育馆、影剧院、百货大楼等。

**2.0.7** 地下警示装置 underground warning device

敷设在埋地天然气管道上方，喷涂有警示标识，用于提示地下有城镇天然气管道的标识装置，包括警示带和警示保护板。

**2.0.8** 天然气报警控制系统 gas alarm and control system

由可燃气体探测器、可燃气体报警控制器、紧急切断装置、排气装置等组成的安全系统。

**2.0.9** 地下室 basement

房间地面低于室外设计平面的平均高度大于该房间净高1/2者。

**2.0.10** 半地下室 semi-basement

房间地面低于室外设计平面的平均高度大于该房间净高1/3,且不大于1/2者。

**2.0.11** 封闭楼梯间 enclosed staircase

在楼梯间入口处设置门,防止火灾的烟和热气进入的楼梯间。

**2.0.12** 防烟楼梯间 smoke-proof staircase

在楼梯间入口处设置防烟的前室、开敞式阳台或凹廊(统称前室)等设施,且通向前室和楼梯间的门均为防火门,以防止火灾的烟和热气进入的楼梯间。

**2.0.13** 地上密闭房间 above-ground airtight room

地上没有直接面向室外通风的窗或门,以及窗仅作采光用途的房间。

# 3 计 算

## 3.1 用气量计算

**3.1.1** 城镇天然气管网的计算流量应按计算月的小时最大用气量计算。管网支管上的居民生活、公共建筑用气按各类用气设备额定用气量总和乘以同时工作系数计算;工业企业用气按各类天然气设备的装机用气量计算。

**3.1.2** 居民住宅生活用气的计算流量,应根据下列情况分别计算:

**1** 管道计算流量按下式计算:

$$Q_j = \sum K_i N_i q_i \tag{3.1.2-1}$$

式中:$K_i$ ——同类用气设备的同时工作系数;

$N_i$ ——同类用气设备的数量;

$q_i$ ——该类用气设备的天然气额定流量($m^3/h$)。

**2** 使用两眼灶及热水器的计算流量按下式计算:

$$Q_j = K_w (N_i q_i + N_r q_r) \tag{3.1.2-2}$$

式中:$K_w$ ——两眼灶及热水器综合的同时工作系数;

$N_i$ ——两眼灶的数量(具);

$q_i$ ——两眼灶的天然气额定流量($m^3/h$);

$N_r$ ——热水器的数量(具);

$q_r$ ——热水器的天然气额定流量($m^3/h$)。

每户居民使用 1 具两眼灶或 1 具两眼灶及天然气热水器时,同时工作系数值可按本标准附录 B 取值。

## 3.2 管道计算

**3.2.1** 次高压、中压以及 5 kPa$<P\leqslant$10 kPa 低压天然气管道的单位长度摩擦阻力损失应按下列公式计算：

$$\frac{P_1{}^2-P_2{}^2}{L}=1.27\times10^{10}\lambda\frac{Q^2}{d^5}\rho\frac{T}{T_0}Z \qquad (3.2.1\text{-}1)$$

$$\lambda=0.11\left(\frac{K}{d}+\frac{68}{Re}\right)^{0.25} \qquad (3.2.1\text{-}2)$$

式中：$P_1$，$P_2$ ——天然气管道起点、终点的绝对压力(kPa)；

$L$ ——管道的计算长度(km)；

$\lambda$ ——管道摩擦阻力系数；

$Q$ ——天然气管道的计算流量($m^3$/h)；

$d$ ——管道内径(mm)；

$\rho$ ——天然气密度(kg/$m^3$)；

$T$ ——设计中采用的天然气温度(K)；

$T_0$ ——273.15 K；

$Z$ ——压缩因子，当天然气压力小于 1.2 MPa(表压)时，取 1；

$K$ ——管壁内表面的当量绝对粗糙度，对钢管取 0.1 mm，对聚乙烯管取 0.01 mm；

$Re$ ——雷诺数。

**3.2.2** 5 kPa 及以下的低压天然气管道的单位长度摩擦阻力损失可按下式计算：

$$\frac{\Delta P}{l}=6.26\times10^{7}\lambda\frac{Q^2}{d^5}\rho\frac{T}{T_0} \qquad (3.2.2)$$

式中：$\Delta P$ ——天然气管道摩擦阻力损失(Pa)；

$\lambda$ ——天然气管道摩擦阻力系数，按式(3.2.1-2)计算；

$l$ ——天然气管道的计算长度(m)；

$Q$ ——天然气管道的计算流量($m^3/h$)；

$d$ ——管道内径(mm)；

$\rho$ ——天然气的密度($kg/m^3$)；

$T$ ——设计中所采用的天然气温度(K)；

$T_0$ ——273.15 K。

**3.2.3** 室外埋地天然气管道的局部阻力损失可按该管道长度摩擦阻力损失的10%计算。

**3.2.4** 地上低压天然气管道的局部阻力损失可按下列公式计算：

$$\Delta P=\sum \zeta \frac{W^2\rho}{2} \quad (3.2.4\text{-}1)$$

$$W=Q/3\,600A \quad (3.2.4\text{-}2)$$

式中：$\zeta$ ——局部阻力系数，见表3.2.4；

$\rho$ ——天然气的密度($kg/m^3$)；

$W$ ——天然气流速(m/s)；

$A$ ——天然气管道截面积($m^2$)。

**表3.2.4 局部阻力系数**

| 局部阻力系数 | 配件名称 | | | | | | | |
|---|---|---|---|---|---|---|---|---|
| | 直流三通 | 分流三通 | 骤缩管 | 渐缩管 | 直角弯头 | 光滑弯头 | 闸阀 | 集水器 |
| $\zeta$ | 0.3 | 1.5 | 0.5 | 0.1 | 1.1 | 0.3 | 0.5 | 2.0 |

**3.2.5** 当管道高程有变化时，产生的附加压力可按下式计算：

$$P_f=9.8(\rho_K-\rho)H \quad (3.2.5)$$

式中：$P_f$ ——附加压力(Pa)；

$\rho_K$ ——空气的密度($kg/m^3$)；

$\rho$ ——天然气的密度($kg/m^3$)；

$H$ ——管道计算末端和始端的高程差(m)。

**3.2.6** 架空钢管的热线性膨胀量应按下式计算:

$$\Delta L = \alpha (t - t_0) L \tag{3.2.6}$$

式中:$\Delta L$ ——架空钢管随环境温度变化而产生的最大热线性膨胀量(m);

$\alpha$ ——钢管线性热膨胀系数,取 $12\times10^{-6}$[m/(m·℃)];

$t_0$ ——架空钢管安装温度(℃);

$t$ ——环境温度中与架空钢管安装温度相差最大的温度(℃);

$L$ ——架空钢管计算长度(m)。

## 3.3 调压器流量校核

**3.3.1** 天然气调压器的通过能力应满足其所承担的管网的计算流量。

**3.3.2** 调压器通过能力可按下式校核:

$$Q = Q' \sqrt{\frac{\Delta P \rho'_0}{\Delta P' \rho_0}} \tag{3.3.2}$$

式中:$Q$ ——选择调压器的通过流量($m^3$/h);

$Q'$ ——计算调压器的额定通过流量($m^3$/h),根据设备商产品说明书确定;

$\Delta P$ ——选择调压器的进、出口压力降(Pa);

$\Delta P'$ ——计算调压器额定通过流量时采用的进、出口压力降(Pa);

$\rho_0$ ——选择调压器时的天然气密度(kg/$m^3$);

$\rho'_0$ ——计算调压器额定通过流量时采用的天然气密度(kg/$m^3$)。

## 3.4 燃料换算和排气量、空气量计算

**3.4.1** 当其他燃料的消耗量换算成天然气用量时，可按下式计算：

$$Q=\frac{GH_{d}\eta_{1}}{H_{0}\eta_{2}} \tag{3.4.1}$$

式中：$Q$——换算天然气时的用气量（$m^3/h$）；

$G$——其他燃料的消耗量（kg/h）；

$H_d$——其他燃料的低热值（kJ/kg）；

$H_0$——天然气的低热值（$kJ/m^3$）；

$\eta_1$——其他燃料的燃烧热效率（%）；

$\eta_2$——天然气燃烧的热效率（%）。

**3.4.2** 设置天然气设备房间的排气量应按下列不同情况分别计算：

**1** 地上独立的天然气调压站或天然气计量表房采用自然通风时，排气口的有效面积可按下式计算：

$$F=\frac{nah}{v} \tag{3.4.2-1}$$

式中：$F$——排气口的截面积（$m^2$）；

$n$——换气次数，取不小于3次/h；

$a$——天然气调压站或天然气计量表房的面积（$m^2$）；

$h$——天然气调压站或天然气计量表房的高度（m）；

$v$——天然气调压站或天然气计量表房附近的风速，一般取3 600 m/h。

**2** 地面建筑使用燃气设备的房间排气量可按下式计算：

$$V=N\sum_{i}^{n}qG \tag{3.4.2-2}$$

式中：$V$ ——排气量($m^3/h$)；

$N$ ——排气系数，用气设备上部有大型排烟罩时取 20，用气设备上部有一般排烟罩时取 30，用气设备上部无排烟罩而采用排风扇时取 40；

$G$ ——燃气燃烧时产生的废气量，取 0.26 $m^3/MJ$；

$\sum_{i}^{n} q$ ——所有燃气设备的燃气燃烧热量的总和(kJ/h)。

**3.4.3** 天然气燃烧所需的空气量可按下式计算：

$$V_a = 0.283 \alpha H_1 \tag{3.4.3}$$

式中：$V_a$ ——每立方米天然气燃烧所需的空气量($m^3$)；

$\alpha$ ——过剩空气系数，民用灶具取 1.3～1.8，工业炉窑取 1.05～1.2；

$H_1$ ——天然气低热值($MJ/m^3$)。

# 4　地下天然气管道

## 4.1　管道的平面布设

**4.1.1**　管道埋设应符合下列规定：

**1**　不得埋设在建筑物及构筑物的基础下(包括雨、污水窨井内)。

**2**　不得埋设在高压电力走廊及铁塔下。

**3**　不得与电力电缆、照明电缆同沟敷设(包括电力与通信的人井内)；当必须同沟敷设时，应采取有效保护措施。

**4**　不得埋设在堆积易燃、易爆材料和具有腐蚀性气、液体的场所下。

**4.1.2**　道路地下管道的位置宜按下列原则布设，并应结合规划部门要求的管位进行设计：

**1**　东西向道路应布设在路南非机动车道或人行道下。

**2**　南北向道路应布设在路东非机动车道或人行道下。

**3**　沿河滨道路、轨道交通、铁路等不易穿越的设施敷设时，宜布设在靠建筑物的一侧。

**4**　重要道路或道路宽度在 30 m 以上时，宜在道路两侧各敷设 1 根天然气干管。

**4.1.3**　管道应与道路轴线或道路规划红线平行布设，不宜斜穿，并不应与其他管线及附属设施上下叠置。

**4.1.4**　主要管道敷设应避开机场、码头、火车站、隧道和地铁出入口等重要设施及其附近。

**4.1.5**　地下天然气管道与建筑物、构筑物及相邻管线之间的最小水平净距应符合表 4.1.5 的规定。

## 表 4.1.5 地下天然气管道与建筑物、构筑物及相邻管线之间的最小水平净距(m)

| 序号 | 项目 | | | 低压 | | 中压 | 次高压B | 次高压A |
|---|---|---|---|---|---|---|---|---|
| | | | | 金属管道 | 聚乙烯管道 | | | |
| 1 | 建筑物 | 街坊 | 基础 | 0.6 | — | 1.6 | — | — |
| | | | 外墙面 | 0.8 | 0.5 | 2.0 | 6.0 | 13.5 |
| | | 道路 | 基础 | 0.8 | — | 1.6 | — | — |
| | | | 外墙面 | 1.2 | 0.5 | 2.0 | 6.0 | 13.5 |
| 2 | 雨水管、污水管 | | | 1.0 | 1.0 | 1.0 | 2.0 | 2.0 |
| 3 | 给水管 | | | 0.5 | 0.5 | 0.5 | 1.2 | 1.5 |
| 4 | 电力电缆(包括电车电缆) | | 直埋 | 0.5 | 0.5 | 0.5 | 1.5 | 1.5 |
| | | | 在导管内 | 1.0 | 1.0 | 1.0 | 2.0 | 2.0 |
| 5 | 通信电缆 | | 直埋 | 0.5 | 0.5 | 0.5 | 1.5 | 1.5 |
| | | | 在导管内 | 1.0 | 0.5 | 1.0 | 2.0 | 2.0 |
| 6 | 电力电杆(铁塔)基础边 | | ≤35 kV | 1.0 | 1.0 | 1.0 | 2.0 | 2.0 |
| | | | >35 kV | 2.0 | 2.0 | 2.0 | 5.0 | 5.0 |
| 7 | 通信、照明电杆(至电杆中心) | | | 1.0 | 0.5 | 1.0 | 1.0 | 1.0 |
| 8 | 其他天然气管道(包括聚乙烯天然气管道) | | | 0.5 | 0.5 | 0.5 | 1.0 | 1.0 |
| 9 | 树木(至树干中心) | | | 0.75 | 0.75 | 0.75 | 1.2 | 1.2 |
| 10 | 铁路路堤坡脚 | | | 5.0 | 5.0 | 5.0 | 5.0 | 5.0 |
| 11 | 热力管 | 直埋敷设 | 热水 | 1.0 | 1.0 | 1.0 | 1.5 | 2.0 |
| | | | 蒸汽 | 1.0 | 2.0 | 1.0<br>2.0(PE) | 1.5<br>3.0(PE) | 2.0 |
| | | 管沟内敷设(至管沟外壁) | | 1.0 | 1.0 | 1.5 | 2.0 | 4.0 |

注:如受地形限制无法满足表中要求,与有关部门协商,采取有效的安全防护措施后,表中规定的净距均可适当缩小。但低压管道应不影响建(构)筑物和相邻管道基础的稳固性,中压管道距建筑物基础不应小于 0.5 m 且距建筑物外墙面不应小于 1 m,次高压管道距建筑物外墙面不应小于 3.0 m。其中,当对次高压 A 管道采取有效的安全防护措施或管道壁厚不小于 9.5 mm 时,管道距建筑物外墙面不应小于 6.5 m;当管壁厚度不小于 11.9 mm 时,管道距建筑物外墙面不应小于 3.0 m。

## 4.2 管道的纵断面布设

**4.2.1** 埋地敷设的天然气管道，其管顶距路面的最小距离不应小于表 4.2.1 的规定。

**表 4.2.1 埋地天然气管道管顶距路面的最小距离(m)**

| 项目 | 距离 |
| --- | --- |
| 人行道 | 0.6 |
| 非机动车道 | 0.8 |
| 机动车道 | 1.0 |
| 街坊 | 0.6 |
| 水田 | 0.8 |
| 引入管(绿化带下) | 0.4 |

**4.2.2** 地下金属天然气管道与其他地下管线交叉时的最小垂直净距宜符合表 4.2.2 的规定。

**表 4.2.2 地下金属天然气管道与其他地下管线交叉时的最小垂直净距(m)**

<table>
<tr><th colspan="2">项目</th><th>地下天然气管道(当有套管时，以套管计)</th></tr>
<tr><td colspan="2">给水管、排水管或其他天然气管道</td><td>0.15</td></tr>
<tr><td colspan="2">热力管的管沟底(或顶)</td><td>0.15</td></tr>
<tr><td rowspan="2">电缆</td><td>直埋</td><td>0.50</td></tr>
<tr><td>在导管内</td><td>0.15</td></tr>
<tr><td colspan="2">铁路轨底</td><td>1.20</td></tr>
<tr><td colspan="2">有轨电车(轨底)</td><td>1.00</td></tr>
</table>

**4.2.3** 聚乙烯天然气管道与其他地下管线交叉时的最小垂直净距应符合表 4.2.3 的规定。

**表 4.2.3 聚乙烯天然气管道与其他地下管线交叉时的最小垂直净距(m)**

| 管线名称 | 埋设方式 | 地下天然气管道(当有套管时,从套管外径计) | |
|---|---|---|---|
| | | 聚乙烯管在该管线上方 | 聚乙烯管在该管线下方 |
| 给水管、燃气管 | 直埋 | 0.15 | 0.15 |
| 排水管 | 直埋 | 0.15 | 0.20 加套管 |
| 电缆 | 直埋 | 0.50 | 0.50 |
| | 在导管内 | 0.20 | 0.20 |
| 热力管 | 直埋敷设 | 0.50 加套管 | 1.00 加套管 |
| | 管沟内敷设(至管沟外壁) | 0.20 加套管或 0.40 | 0.30 加套管 |

**4.2.4** 当天然气管道的埋设深度无法满足本标准第 4.2.1 条的要求时,应采取有效的安全防护措施构筑管槽,槽内管道四周应以细土或黄砂填实。管槽的截面尺寸应按图 4.2.4 和表 4.2.4 的要求构筑。

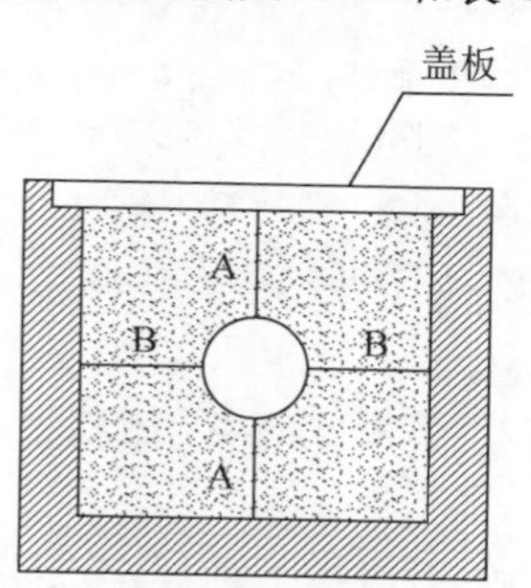


**图 4.2.4 管槽截面图**

注:1 管槽底可利用地下建(构)筑物的顶板,但应确保不对其产生影响。
2 管槽顶不应高于路面。

**表 4.2.4 管槽截面尺寸(mm)**

| 图 4.2.4 部位 | 铸铁管 | 钢管 | 聚乙烯管 |
|---|---|---|---|
| A | 200 | 100 | 100 |
| B | 300 | 150 | 150 |

## 4.3 引入管

**4.3.1** 引入管的最小管径不应小于 DN32。

**4.3.2** 进户管可采用低立管或高立管，低立管的进户高度不宜低于室内地坪面上 500 mm；高立管进户高度应低于底层室内吊顶，见图 4.3.2。

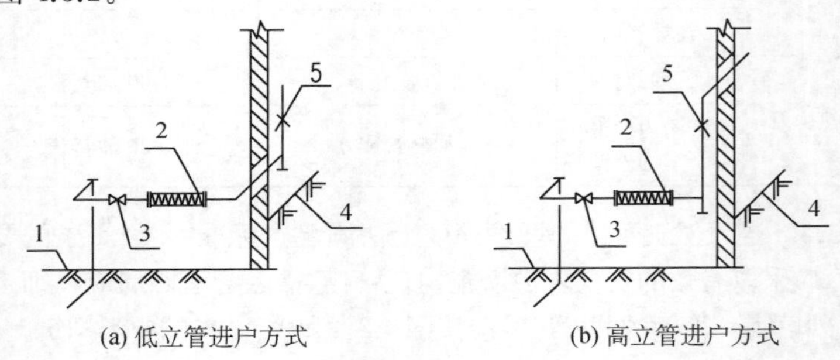


(a) 低立管进户方式　　(b) 高立管进户方式

1—室外地坪；2—防沉降挠性补偿器；
3—立管阀门；4—室内地坪；5—支架

**图 4.3.2 进户管示意图**

注：立管阀门可以竖向或横向安装

## 4.4 管材、管件及附属设备

**4.4.1** 天然气管道的管材应按下列规定选用：

**1** 次高压天然气管道应选用钢管，其管材和管件应符合现行国家标准《石油天然气工业　管线输送系统用钢管》GB/T 9711 和《输送流体用无缝钢管》GB/T 8163 的有关规定，或符合不低于上述 2 项标准相应技术要求的其他钢管标准。三级和四级地区天然气管道材料钢级不应低于 L245。地下次高压 B 天然气管道也可采用钢号 Q235B 焊接钢管，并应符合现行国家标准《低压流体输送用焊接钢管》GB/T 3091 的有关规定。

2　中压和低压天然气管道管材的选用应符合现行国家标准《输送流体用无缝钢管》GB/T 8163、《低压流体输送用焊接钢管》GB/T 3091、《燃气用埋地聚乙烯(PE)管道系统　第1部分:管材》GB/T 15558.1、《燃气用埋地聚乙烯(PE)管道系统　第2部分:管件》GB/T 15558.2及《水及燃气用球墨铸铁管、管件和附件》GB/T 13295和现行行业标准《普通流体输送管道用埋弧焊钢管》SY/T 5037的有关规定。

**4.4.2**　钢质天然气管道直管段计算壁厚可按下式确定,并不应低于表4.4.2-1的规定。

$$\delta=\frac{PD}{2\sigma_S\phi F} \tag{4.4.2}$$

式中:$\delta$ ——钢管计算壁厚(mm);

$P$ ——设计压力(MPa);

$D$ ——钢管外径(mm);

$\sigma_S$ ——钢管的最低屈服强度(MPa);

$\phi$ ——焊缝系数,当采用符合本标准第4.4.1条第1款规定的钢管标准时取1.0;

$F$ ——强度设计系数,按表4.4.2-2选取。

**表4.4.2-1　钢质天然气管道最小公称壁厚(mm)**

| 钢管公称直径 DN | 公称壁厚 |
|---|---|
| 100～150 | 4.0 |
| 200～300 | 4.8 |
| 350～450 | 5.2 |
| 500～550 | 6.4 |
| 600～700 | 7.1 |
| 750～900 | 7.9 |
| 950～1 000 | 8.7 |
| 1 050 | 9.5 |

表 4.4.2-2　城镇天然气管道强度设计系数

| 地区等级 | 强度设计系数 $F$ |
| --- | --- |
| 一级地区 | 0.72 |
| 二级地区 | 0.60 |
| 三级地区 | 0.40 |
| 四级地区 | 0.30 |

**4.4.3**　次高压天然气管道穿越铁路、公路和人员聚集场所的管道以及门站、储配站、调压站内管道的强度设计系数应符合表 4.4.3 的规定。

表 4.4.3　穿越铁路、公路和人员聚集场所的管道以及门站、储配站、调压站内管道的强度设计系数

<table>
<tr><td rowspan="3">管道及管段</td><td colspan="4">地区等级</td></tr>
<tr><td>一</td><td>二</td><td>三</td><td>四</td></tr>
<tr><td colspan="4">强度设计系数 F</td></tr>
<tr><td>有套管穿越Ⅲ、Ⅳ级公路的管道</td><td>0.72</td><td>0.60</td><td rowspan="5">0.40</td><td rowspan="5">0.30</td></tr>
<tr><td>无套管穿越Ⅲ、Ⅳ级公路的管道</td><td>0.60</td><td>0.50</td></tr>
<tr><td>有套管穿越Ⅰ级和Ⅱ级公路、高速公路、城镇地上轨道线路(包括磁悬浮列车)、铁路的管道</td><td>0.60</td><td>0.60</td></tr>
<tr><td>门站、储配站、调压站内管道及其上、下游各 200 m 管道，截断阀室管道及其上、下游各 50 m 管道(其距离从站和阀室边界线起算)</td><td>0.50</td><td>0.50</td></tr>
<tr><td>人员聚集场所的管道</td><td>0.40</td><td>0.40</td></tr>
</table>

**4.4.4**　钢质弯头或弯管的管壁厚度按下列公式计算：

$$\delta_{\mathrm{b}}=\delta m \tag{4.4.4-1}$$

$$m=\frac{4R-D}{4R-2D} \tag{4.4.4-2}$$

式中：$\delta_{\mathrm{b}}$ ——弯头或弯管的管壁计算厚度(mm)；

$\delta$ ——弯头或弯管所连接的直管管段管壁计算厚度(mm)；
$m$ ——弯头或弯管管壁厚度增大系数；
$R$ ——弯头或弯管的曲率半径(mm)；
$D$ ——弯头或弯管的外径(mm)。

**4.4.5** 焊接支管连接口的补强应符合下列要求：

**1** 补强的结构形式可采用增加主管道、支管道壁厚，或同时增加主(支)管道壁厚、三通、拔制扳边式接口的整体补强形式，也可采用补强圈补强的局部补强形式。

**2** 当支管道的公称直径大于或等于 1/2 主管道公称直径时，应采用三通。

**3** 支管道的公称直径小于或等于 50 mm 时，可不作补强计算。

**4** 开孔削弱部分按等面积补强，其结构和数值计算应符合现行国家标准《输气管道工程设计规范》GB 50251 的有关规定。其焊接结构还应符合下列规定：

1）主管道和地管道的连接焊缝应保证全焊透，其角焊缝腰高应大于或等于 1/3 的支管道壁厚，且不小于 6 mm。

2）补强圈的形状应与主管道相符，并与主管道紧密贴合。焊接和热处理时，补强圈上应开一排气孔，管道使用期间应将排气孔堵死，补强圈宜按现行行业标准《补强圈》JB/T 4736 选用。

**4.4.6** 钢制管件应符合下列要求：

**1** 管件的材质应与管道的材质相同。

**2** 热弯弯管的曲率半径宜为管径的 3 倍，且不应小于管径的 1.5 倍，并应满足清管球(器)能顺利通过的要求。

**3** 现场冷弯弯管的最小曲率半径应符合表 4.4.6 的要求。

**表 4.4.6 现场冷弯弯管的最小曲率半径(mm)**

| 管径 DN | 最小曲率半径 $R_{min}$ |
| --- | --- |
| ≤300 | 18$D$ |

续表4.4.6

| 管径 DN | 最小曲率半径 $R_{min}$ |
| --- | --- |
| 350 | $21D$ |
| 400 | $24D$ |
| 500 | $30D$ |
| 550≤DN≤1 000 | $40D$ |

**4** 热弯弯管的椭圆度不应大于 2.5％。

**5** 冷弯弯管两端的椭圆度不应大于 2％,其他部位的椭圆度不应大于 2.5％。

**4.4.7** 钢质管道对接安装引起的误差为±3°,否则应设置弯管。

**4.4.8** 补偿器、法兰、盲板及紧固件应符合现行国家标准的要求。

**4.4.9** 聚乙烯管材和管件应符合下列要求:

**1** 聚乙烯天然气管道的设计压力不应大于管道最大允许工作压力($P_{max}$)。

**2** 聚乙烯天然气管道最大允许工作压力可按下列公式计算:

$$P_{max}=\frac{MOP}{D_F} \tag{4.4.9-1}$$

$$MOP=\frac{2MRS}{C(SDR-1)} \tag{4.4.9-2}$$

$$MOP\leqslant\frac{P_{RCP}}{1.5} \tag{4.4.9-3}$$

式中:$P_{max}$——最大允许工作压力(MPa);

$MOP$——最大工作压力(MPa),以 20℃为工作温度;

$MRS$——最小要求强度,PE80 取 8.0 MPa,PE100 取 10.0 MPa;

$C$——设计系数,聚乙烯管道输送天然气的 $C$ 值大于等于 2.5;

$SDR$——标准尺寸比;

$P_{RCP}$ ——耐快速裂纹扩展的临界压力(MPa)，$P_{RCP}$ 数值由混配料供应商或管材生产商提供；

$D_F$ ——工作温度下的压力折减系数，按表 4.4.9 取值。

**表 4.4.9　工作温度下的压力折减系数**

| 工作温度 $t$ | −20℃ | 20℃ | 30℃ | 40℃ |
| --- | --- | --- | --- | --- |
| 工作温度下的压力折减系数 $D_F$ | 1.0 | 1.0 | 1.1 | 1.3 |

注：表中工作温度为考虑了内外环境的管材的年度平均温度。对于中间温度，可使用内插法计算。

**3**　聚乙烯管材的表面质量应符合下列要求：

**1)** 管材的内外表面应清洁、光滑，不得有气泡、明显的划伤、凹陷、杂质和颜色不均等缺陷。

**2)** 端头应切割平整，并与管子轴线垂直。

**3)** 不圆度不应大于 5%。

**4)** 管材表面上应标有“燃气”或“GAS”字样。

**4**　聚乙烯天然气管件应符合现行国家标准《燃气用埋地聚乙烯(PE)管道系统　第 2 部分：管件》GB/T 15558.2 的有关规定，并应符合下列要求：

**1)** 管件内外表面应清洁、光滑，不得有气泡、裂口和明显的凹痕、痕纹、颜色不均等缺陷，浇口及溢边应平整。

**2)** 聚乙烯天然气管道可采用聚乙烯阀门。

**4.4.10**　阀门应选用适用于天然气的介质，并有良好密封性和耐腐蚀的专用阀门。

**4.4.11**　阀门的设置应符合下列要求：

**1**　天然气管道在下列场所应设置阀门：

**1)** 门站、次高-中压调压站进出口，设置于站外。

**2)** 储配站的进出口，设置于站外。

**3)** 压送机的进出口。

**4)** 穿越铁路、河流的次高压、中压干管的铁路、河流两侧。

**5)** 次高压、中压分支管的起点。

6）次高压、中压干管的末端。

7）长度 100 m 以上通向次高压-中压或中压-低压调压站（箱）的室外进口管。

**2** 在次高压、中压天然气干管上应设置分段阀门。次高压管宜为 2 km～3 km，中压管宜不超过 2 km。

**3** 次高压干管上阀门的两侧应设置放散管（孔），中压干管上阀门的两侧宜设置放散管（孔）和调长器。

**4** 阀门应设置在便于操作和维护保养的地方，应避免设在十字路口、交通繁忙处及路口标高最低处。

## 4.5 管道的穿（跨）越

**4.5.1** 管道穿越铁路、公路、高速公路、高架道路、轨道交通（包括磁浮列车道）、电车轨道及河流时，可采用顶管或定向钻施工方法。应采取可靠的措施，防止产生沉降。

**4.5.2** 采用顶管法穿越铁路、公路、高速公路、高架道路、轨道交通（包括磁浮列车道）时，应符合下列要求：

**1** 管道应外加钢制套管或钢筋混凝土套管保护，并不得有机械接口。

**2** 套管埋设的深度自套管顶至路面不应小于 1.2 m；自套管顶至铁路路轨枕木底不应小于 1.2 m，并应符合各主管部门的要求。

**3** 套管内径应比天然气管道外径大 100 mm 以上，套管各管段间应连接成一体。

**4** 套管两端与天然气管的间隙应采用柔性的防腐、防水材料密封，其一端应设检查管。

**5** 套管端部距铁路或公路路堤坡脚外的距离不应小于 2.0 m。

**6** 穿越的管道与铁路、公路宜垂直交叉。

**4.5.3** 采用顶管法穿越电车轨道及城镇主要干道时，应符合下列要求：

**1** 应敷设在套管或管沟内。

**2** 套管或管沟的端部距电车轨道边轨不应小于 2.0 m，距道路边缘不应小于 1.0 m。

**3** 穿越的管道与电车轨道及主要干道宜垂直交叉。

**4.5.4** 天然气管道通过河流时，可采用穿越河底或架设管桥跨越的形式。当条件许可时，也可利用道路桥梁跨越（随桥梁敷设）河流，并应符合下列要求：

**1** 利用道路桥梁跨越河流的天然气管道，其管道的设计压力不应大于 0.4 MPa。

**2** 当天然气管道随桥梁敷设或采用管桥跨越河流时，必须采取安全防护措施。

**3** 天然气管道随桥梁敷设时，宜采取下列安全防护措施：

**1）** 敷设于桥梁上的天然气管道应采用加厚的无缝钢管或焊接钢管。宜减少焊缝，对焊缝进行 100% 无损探伤。

**2）** 跨越通航河流的天然气管道的管底标高应符合通航净空的要求，管架外侧应设置护桩。

**3）** 在确定管道位置时，与随桥敷设的其他管线最小水平净距应符合现行国家标准《工业企业煤气安全规程》GB 6222 中支架敷管的有关规定。

**4）** 管道应设置必要的补偿、减震和保护措施。

**5）** 当过河架空的天然气管道向下弯曲时，弯曲角度宜为 90°，次高压天然气管道在弯管处应考虑盲板力。

**6）** 对管道应作较高等级的防腐保护，采用阴极保护的埋地钢管与随桥敷设的管道之间应设置绝缘装置。

**7）** 制作跨越河流的天然气管道的支架（座）应采用不燃材料。

**4.5.5** 管道穿越河底应符合下列要求：

**1** 管道宜采用管壁加厚的无缝钢管或焊接钢管。

**2** 当采用定向钻施工方法时，可采用聚乙烯管。

**3** 管道应减少接口。采用沉管、定向钻施工方法穿越河流时，施工前应对穿越管道进行强度试验和严密性试验。

**4** 管道至规划河底的覆土厚度应根据水流冲刷条件确定。对不通航河流不应小于 0.5 m；对通航的河流不应小于 1.0 m，还应考虑疏浚和投锚的深度，并应符合当地水务管理部门的规定。

**5** 对管道应采取较高等级的防腐保护和阴极保护措施。

**6** 采用围堰直埋施工方法时，稳管措施应根据计算确定。

**7** 在穿越天然气管道位置的河流两岸上、下游应设立警示标志。

## 4.6 天然气管廊

**4.6.1** 城市地下综合管廊工程规划区域应编制综合管廊天然气管道建设规划，作为综合管廊天然气管道建设的依据。

**4.6.2** 城市地下综合管廊内的天然气管道应敷设在独立舱室内。

**4.6.3** 天然气管道舱室与其他舱室并排布置时，宜设置在最外侧；天然气管道舱室与其他舱室上下布置时，应设置在上部。

**4.6.4** 敷设在综合管廊内的天然气管道宜为输配气干管；当为环状供气时，应能实现对燃气管网的分片切断。

**4.6.5** 低压天然气管道不应进入综合管廊。

**4.6.6** 天然气管道应采用无缝钢管。

**4.6.7** 管廊内的天然气管道应根据分段、分片切断的维护抢修需要设置截断阀门。分段阀门可直接设置在天然气舱室内，也可设置在单独阀室内。当设在管廊内时，应选用全焊接球阀，且应具有远程控制功能。

**4.6.8** 天然气管道进出舱室时，应在舱室外设置具有远程控制功能的阀门。当由舱室内敷设的天然气管道引出支状管道时，穿越道路的支状管道应敷设在套管、支廊或管沟中，并应在舱外设置支状管道阀门。

**4.6.9** 天然气舱室内不应设置过滤、调压、计量等工艺设施。

**4.6.10** 管廊内的天然气管道必须进行外防腐，外防腐设计应考虑潮湿环境、耐老化性能等情况。

**4.6.11** 天然气管道进出舱室时，应在舱室外设置与埋地敷设钢质天然气管道绝缘的装置。

**4.6.12** 天然气管道直管段壁厚应按本标准式(4.4.2)计算确定；强度设计系数 $F$ 按 0.3 选取，且管道最小公称壁厚不应小于本标准表 4.4.2-2 的规定。

**4.6.13** 阀门、管道附件等压力级制应按管道设计压力提高 1 个等级选用。

**4.6.14** 管廊内天然气管道的连接及管道与分段阀门的连接均应采用焊接连接方式，焊缝应进行 100%射线检验和 100%超声波检验。

**4.6.15** 天然气管道外壁与舱室内壁间的净距不宜小于 200 mm，操作阀门手轮边缘与墙面净距不宜小于 150 mm。天然气管道管底与舱内地面的安装净距不应小于 350 mm，且应满足安装及检修的要求。

**4.6.16** 天然气管道支架的间距应根据管道荷载、内压力及其他作用力等，按照允许屈服强度进行计算，并在验算最大允许挠度后确定。

**4.6.17** 管廊内的天然气管道宜采用自然补偿或设置方形补偿器补偿。

**4.6.18** 天然气管道宜采用支墩或支架架空敷设，当采用低支墩或低支架时，支墩或支架的设计宜同时满足管道抗浮的要求。支、吊架的金属构件应进行防腐或采用耐腐蚀材料制作。

**4.6.19** 应对管廊内天然气管道进行抗震校核计算，并采取相应的抗震措施。

**4.6.20** 在天然气管道穿出舱室外壁处应采取防止舱室本体沉降而损害管道的措施。

**4.6.21** 天然气管道进、出管廊和穿过防火隔墙时，应符合下列要求：

**1** 天然气管道应敷设于套管中，套管内径应大于天然气管道外径 100 mm 以上。套管与天然气管道之间的间隙应采用难燃、密封性能良好的柔性、耐腐蚀、防水的材料填实。

**2** 套管内的天然气管道不宜有焊接接头。

**3** 套管应在管廊墙体内预埋，套管伸出管廊墙体表面的长度不应小于 200 mm。

**4.6.22** 管廊内的天然气管道的两个截断阀门之间或一个切断片区单元内应设置放散管，并应在管廊外设置放散管阀门。

**4.6.23** 放散管道设置应符合下列要求：

**1** 放散管管径应满足能在 15 min 内将放散管段内压力从最初压力降到最初压力 50%的要求，且满足置换要求。

**2** 放散管道不应缩径。

**3** 放散管应符合现行国家标准《城镇燃气设计规范》GB 50028 的有关规定。

**4** 放散管放散阀前应装设取样阀。

**5** 放散管应满足防雷、接地等要求。

**4.6.24** 管廊的设置、建筑、通风、消防与排水、电气与照明、监控等要求及本标准未作规定的要求，尚应符合现行国家标准《城市综合管廊工程技术规范》GB 50838 和现行上海市工程建设规范的有关规定。

# 5 地上天然气管道

## 5.1 一般规定

**5.1.1** 地上天然气管道的设计压力应符合表5.1.1的规定。

**表5.1.1 地上天然气管道的设计压力(MPa)**

| 天然气用户 | | 最高压力 |
|---|---|---|
| 工业用户 | 独立、单层建筑 | 0.8 |
| | 其他 | 0.4 |
| 商业用户 | | 0.4 |
| 居民用户(中压进户) | | 0.2 |
| 居民用户(低压进户) | | 0.01 |

注:1 管道井内的天然气管道的最高设计压力不应大于0.2 MPa。
2 室内天然气管道设计压力大于0.8 MPa的特殊用户设计应按有关专业规范执行。

**5.1.2** 地上天然气管道可选用热镀锌钢管、涂覆镀锌钢管、无缝钢管或焊接钢管、铝塑复合管、铜管、不锈钢管(包括普通不锈钢管、薄壁不锈钢管、不锈钢波纹管),不得使用聚乙烯管,并应符合下列要求:

**1** 当管道管径不小于DN150时,应采用无缝钢管或焊接钢管。

**2** 中压管道应采用无缝钢管或焊接钢管。

**3** 密闭房间的低压管道应采用无缝钢管或焊接钢管。

**4** 铝塑复合管应在户内天然气表后安装。

**5.1.3** 热镀锌钢管应采用管螺纹连接;涂覆镀锌钢管宜采用滚压螺纹连接;无缝钢管、焊接钢管应采用焊接连接,也可采用法兰连接;铜管应采用硬钎焊连接;铝塑复合管应采用专用卡套式、承插式连接；普通不锈钢管可采用焊接连接或机械连接(双卡压式、环压式等)；薄壁不锈钢管和不锈钢波纹管应采用专用管件连接。

**5.1.4** 管道通过建筑物的沉降缝或伸缩缝时，应采取补偿措施。

## 5.2 室外架空管道

**5.2.1** 天然气管道架空敷设应符合下列要求：

**1** 室外架空的天然气管道，可沿建筑物外墙或支柱敷设，并应符合下列规定：

1) 中压和低压天然气管道，可沿建筑耐火等级不低于二级的住宅或公共建筑的外墙敷设；次高压B、中压和低压天然气管道，可沿建筑耐火等级不低于二级的丁、戊类生产厂房的外墙敷设。

2) 沿建筑物外墙的天然气管道距住宅或公共建筑物不应敷设天然气管道的房间门、窗洞口的净距：中压管道不应小于0.5 m，低压管道不应小于0.3 m。当受环境限制不能满足此规定时，在采取有效的安全防护措施后，可适当缩小此净距。

**2** 不应在储存物品的火灾危险性类别为甲、乙、丙类的堆场和仓库内敷设。

**5.2.2** 架空天然气管道与铁路、道路及其他管线交叉时的最小垂直净距，应符合表5.2.2的规定。

**表5.2.2 架空天然气管道与铁路、道路及其他管线交叉时的最小垂直净距**

| 序号 | 建(构)筑物和管线名称 | 最小垂直净距(m) | |
|---|---|---|---|
| | | 管道下 | 管道上 |
| 1 | 厂区铁轨轨面 | 5.5 | — |
| 2 | 城镇道路路面 | 5.5 | — |
| 3 | 厂区道路路面 | 5.0 | — |

续表5.2.2

| 序号 | 建(构)筑物和管线名称 | | 最小垂直净距(m) | |
| --- | --- | --- | --- | --- |
| | | | 管道下 | 管道上 |
| 4 | 人行道路面 | | 2.2 | — |
| 5 | 架空电力线电压 | <1 kV | 0.5 | 3.0 |
| | | ≥1 kV 且<35 kV | 3.0 | 3.5 |
| | | >35 kV | 不应架设 | 4.0 |
| 6 | 其他管道管径 | ≤300 mm | 同管道直径但不小于 0.1 | 同管道直径但不小于 0.1 |
| | | >300 mm | 0.3 | 0.3 |

注:架空电力线与天然气管道的交叉垂直净距尚应计入导线的最大垂度。

**5.2.3** 架空天然气管道与其他管道共架敷设时,应符合下列要求:

**1** 与水管、热力管、蒸汽管、燃油管和惰性气体在同一管架敷设时,宜在水管、热力管之上,应在燃油管之上(当在燃油管之下时,应采取隔离保护措施),宜在蒸汽管之下。垂直净距应大于 250 mm。

**2** 与其他管道在同一管架敷设时,最小水平净距应符合表 5.2.3 的规定。

**表 5.2.3 架空天然气管道与其他管道平行敷设的最小水平净距(mm)**

| 序号 | 其他管道公称直径 | 天然气管道公称直径 | | |
| --- | --- | --- | --- | --- |
| | | <300 | 300～600 | >600 |
| 1 | <300 | 100 | 150 | 150 |
| 2 | 300～600 | 150 | 150 | 200 |
| 3 | >600 | 150 | 200 | 300 |

**3** 与输送腐蚀性介质的管道共架敷设时,天然气管道应架设在上方,对于容易泄漏部位上方的天然气管道应采取保护措施。

**4** 天然气易泄漏部位如法兰、阀门等,应避开共架敷设的其他管道的操作部位。

**5** 当与氧气和乙炔管道共架敷设时,尚应符合现行相关设计规范的规定。

**5.2.4** 小区内架空天然气管道与架空电线平行敷设时，天然气管道宜设在下方，净距应大于 300 mm，并应考虑架空电线的垂度。

**5.2.5** 当架空天然气管道遇里弄宽度超过 5 m 或遇特殊情况不能继续架空敷设而需转向埋地敷设时，应对埋地的钢管或镀锌钢管采取防腐措施。

**5.2.6** 天然气管道架空敷设时，水平管道支架最大间距不应超过表 5.2.6 的规定。

**表 5.2.6 水平天然气管道支架间距**

| 管径(mm) | DN15 | DN20 | DN25 | DN32 | DN40 | DN50 | DN80 | DN100 |
|---|---|---|---|---|---|---|---|---|
| 间距(m) | 2.5 | 3.0 | 3.5 | 4.0 | 4.5 | 5.0 | 6.5 | 7.0 |

| 管径(mm) | DN150 D159×6 | DN200 D219×8 | DN250 D273×8 | DN300 D325×8 | DN350 D377×9 | DN400 D425×10 |
|---|---|---|---|---|---|---|
| 间距(m) | 10 | 12 | 14.5 | 18 | 18.5 | 20.5 |

注：特殊情况需经过计算确定。

**5.2.7** 架空天然气管道应采取温度补偿措施。

**5.2.8** 天然气管道及设备的防雷、防静电设计应符合下列要求：

**1** 位于防雷保护区外的架空天然气管道、放散管和天然气设备，沿高层外立面敷设的室外立管，沿建筑屋顶敷设的天然气管道和天然气设备等处均应有防雷、防静电接地设施。

**2** 防雷接地设施的设计应符合现行国家标准《建筑物防雷设计规范》GB 50057 的有关规定。

**3** 防静电接地设施的设计应符合现行行业标准《化工企业静电接地设计规程》HG/T 20675 的有关规定。

## 5.3 进户管

**5.3.1** 进户管的数量应根据实际情况，经济、合理地确定。进户管应设置在不易损坏处，且避开排雨水竖管、窨井、台阶及无障碍通道，周围要留有安装及检修空间。

**5.3.2** 进户管设置应靠近用气点，但不得设置在下列场所：

**1** 浴室、厕所、卧室。

**2** 存放易燃易爆物品、腐蚀性气（液）体的房间，变配电室和不使用天然气的锅炉房和空调机房。

**3** 垃圾道、烟道、通风机室，且应与进风口保持不小于 2 m 的净距。

**4** 仓库、机要室及人员不便进入的场所。

**5.3.3** 软土地基沉降量大的地区或者五层（含）以上、高度 14 m（含）以上建筑的进户管应设置防沉降补偿器。

## 5.4 室内天然气管道

**5.4.1** 封闭楼梯间、防烟楼梯间及其前室内禁止穿过或设置天然气管道。敞开楼梯间内不应设置天然气管道；当居民住宅的敞开楼梯间内确需设置天然气管道和计量表时，应采用钢管和可切断气源的阀门。

**5.4.2** 室内天然气管道宜明敷。当建筑或工艺上有特殊要求时，可暗设在能安全操作、检修方便及具有通风条件的管道技术层、吊平顶以及管道井内。当设在高于吊顶底时，天然气管道宜设在与吊顶底平的独立密封倒 U 形槽内，槽底宜采用可卸式活动百叶或带孔板。

**5.4.3** 室内天然气管道不得与电线、电缆、电气设备、氧气等易燃助燃气体管道、进风管、回风管、排气管、排烟管、垃圾道设置在同一管道井内。

**5.4.4** 天然气管道设置在管道井内时应符合下列要求：

**1** 管道井内的天然气立管应根据需要设置三通预留接头。

**2** 天然气管道宜采用长管，立管在变换管径时应采用异径接头。

**3** 与其他管道平行敷设时，天然气管道应安装于其他管道外侧，其净距不得小于 150 mm。

**4** 管道井应在每层楼板处采用不低于楼板耐火极限的不燃材料或防火封堵材料进行封堵，每层应设置丙级防火检修门。

**5** 当管道井为密闭空间时，应设置天然气报警控制系统，每层设可燃气体探测器，可燃气体探测器应设在不燃楼板底部。

**6** 建筑高度大于 100 m 的超高层建筑的天然气管设在管道井内时，应设置天然气报警控制系统，且紧急切断装置应和该建筑的感震装置联锁。

**7** 当采用中压 B 管道进户时，除应符合上述要求外，尚应符合下列要求：

**1）** 管道、管件、法兰、阀门均应提高 1 个压力等级选用。

**2）** 管道井内的天然气钢管的接口应采用焊接，尽量减少焊口。焊口离当层的高度宜控制在 0.4 m～1.7 m（预留支管三通除外）。

**3）** 应设置天然气报警控制系统。

**5.4.5** 天然气管道应沿不燃材料墙面敷设，当与其他管道相遇时，应符合下列要求：

**1** 水平平行敷设时，净距不宜小于本标准表 5.2.3 的规定。

**2** 竖向平行敷设时，净距不宜小于 100 mm，并应安装在其他管道外侧。

**3** 交叉敷设时，净距不宜小于 50 mm。

**5.4.6** 天然气管道与电线、电气设备的最小净距应符合表 5.4.6 的规定。

**表 5.4.6 天然气管道与电线、电气设备的最小净距(mm)**

| 电线或电气设备名称 | 与天然气管道的最小净距 | |
|---|---|---|
| | 平行敷设 | 交叉敷设 |
| 明装的绝缘电线或电缆 | 250 | 100 |
| 暗装或管内绝缘电线 | 50 | 10 |

续表5.4.6

| 电线或电气设备名称 | 与天然气管道的最小净距 | |
|---|---|---|
| | 平行敷设 | 交叉敷设 |
| 电插座、电源开关 | 150 | 不允许 |
| 电压小于 1 000 V 的裸露电线 | 1 000 | 1 000 |
| 配电盘、配电箱或电表 | 300 | 不允许 |

注:1 当明装电线加绝缘套管且套管的两端各伸出天然气管道 100 mm 时,套管与天然气管道的交叉净距可降至 10 mm。

2 当布置确有困难时,在采取有效措施后,可适当减小净距。

**5.4.7** 天然气管道的设置除应符合本标准第 5.3.2 条和第 5.4.1 条的规定外,尚不得穿越放射性超过安全量的场所及电话总机室、电梯井、电缆沟(井)、通风道和公共娱乐场所。

**5.4.8** 天然气管道不宜敷设在潮湿的场所;当必须敷设时,应采取防腐隔离措施。

**5.4.9** 特殊情况下,室内天然气管道必须穿越浴室、厕所、吊平顶(垂直穿)或起居室时,天然气管道应采用焊接连接(金属软管不得有接头),并应安装在钢套管中,穿越管道应无接头,套管直径应比天然气管道直径大 2 档,套管两端伸出墙面 10 mm~20 mm。当采用焊接连接时,焊缝应进行 100%全周长射线探伤。

**5.4.10** 天然气管道敷设在地下室和地上密闭房间时,应符合下列要求:

**1** 应采用无缝钢制管件、无缝钢管或焊接钢管,钢管、管件、法兰、阀门均应提高 1 个压力等级选用。

**2** 应有良好的通风设施,房间换气次数不小于 3 次/h;并应有独立的事故机械通风设施,其换气次数不应小于 6 次/h。

**3** 在适当位置设置天然气报警控制系统。可燃气体报警控制器应能满足当天然气泄漏浓度达到爆炸下限 20%时能报警的要求,并在报警持续 1 min 后,能使紧急切断装置应自动切断气源。

**4** 紧急切断装置应采用自动关闭、现场人工开启型，不设旁通。当有多个用气房间时，宜设分区可燃气体报警控制器和紧急切断装置。紧急切断装置应有两路控制，一路由可燃气体报警控制器控制；另一路与排气装置联锁，排气装置应防爆，排气装置停机时，应能自动切断气源。

**5** 天然气管道的末端应设手动放散阀和放散管，其管口应接到地面安全处，高出地面高度不应小于 3 m。放散操作时，应确保放散管管口处于安全环境中；当无法满足时，应另接临时管至安全处放散。

**6** 敷设天然气管道的房间应与电话间、变配电室、修理间、储藏室、卧室、休息室等用实体墙隔开。

**7** 天然气报警控制系统应有备用电源。

**8** 消防控制中心或监视室应有能显示各点报警、工作状态、故障信号和紧急切断装置启、闭状态的装置。

**5.4.11** 当半地下室敷设天然气管道时，应符合下列要求：

**1** 采用自然通风时，应有与室外相通并常开的通风窗；通风窗面积应满足通风换气次数不小于 6 次/h 的要求。

**2** 若通风换气次数达不到上述要求，应符合本标准第 5.4.10 条的要求。

**3** 敷设天然气管道的房间应与电话间、变配电室、修理间、储藏室、卧室、休息室等用实体墙隔开。

**5.4.12** 高层、超高层建筑用气应采取下列安全措施：

**1** 根据计算合理设置支撑位置，应在下部或底部设承重支撑，并应每层设置限制水平位移的支撑。

**2** 天然气立管高度大于 60 m、小于 120 m 时，设置不少于 1 个固定支撑；天然气立管高度大于 120 m 时，设置不少于 2 个固定支撑，天然气立管每延伸 120 m 应再增加 1 个固定支撑。两个固定支撑之间及固定支撑和底部支撑之间应设置伸缩补偿器。

补偿器温度差的计算条件为：室内取 30℃，室外取 70℃。

3　天然气立管应考虑附加压力的影响，采取相应的措施，确保燃气设备燃烧器前压力在 1 500 Pa～3 000 Pa。

**5.4.13**　穿越楼板的天然气立管应设置在套管中，套管的上端应高出楼板 100 mm～200 mm 或高于最终形成的地面 50 mm，下端伸出楼板（无吊顶）或吊顶 30 mm；芯管应加强防腐措施，且伸出套管两端 50 mm；套管与天然气管之间的填料应满足柔性、防腐、防水、不燃的要求。套管的设计使用年限不应低于天然气管道的设计使用年限，套管管径不宜小于表 5.4.13 的规定。

**表 5.4.13　天然气管道的套管公称尺寸**

| 天然气管 | DN15 | DN25 | DN32 | DN40 | DN50 | DN80 | DN100 | DN150 |
|---|---|---|---|---|---|---|---|---|
| 套管 | DN32 | DN50 | DN50 | DN80 | DN80 | DN150 | DN150 | DN200 |

**5.4.14**　室内天然气管道应在下列部位设置阀门：

1　立管进户处。

2　膜式表、超声波表的进口处。

3　涡轮流量计、罗茨流量计、超声波流量计的进出口处。

4　用气设备前。

5　紧急切断装置前。

6　过滤器前后。

7　放散管的起始端。

8　其他需要分路控制的场所。

**5.4.15**　天然气管道应用管卡、特制角铁等加以固定，其间距应符合本标准表 5.2.6 的规定。

## 5.5　室内天然气管道暗埋与暗封

**5.5.1**　中压室内天然气管道不应暗埋。

**5.5.2**　对新建住宅，暗埋管道应在建筑设计时预留管槽。天然气立管可采取嵌墙敷设，天然气计量表后的用气管宜采取嵌墙的方式。对已建成的住宅,可采取在墙壁开凿管槽的方式,但不得破坏建筑结构,且应采取措施防止邻舍业主装修时对其造成破坏。管槽应符合图5.5.2的要求。

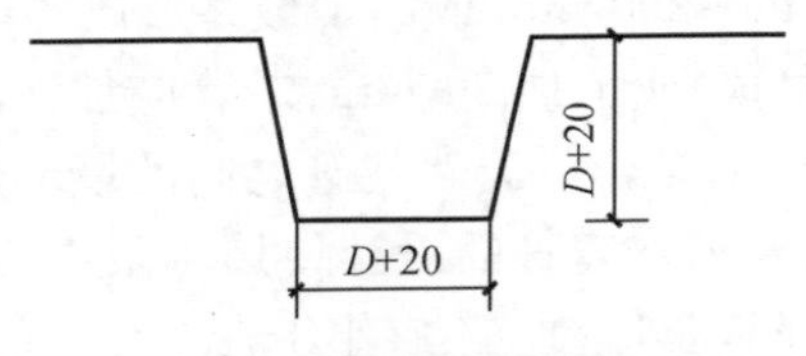


**图5.5.2　管槽宽度及深度(mm)**

**5.5.3**　嵌入式暗埋管道覆盖层厚度不应小于20 mm,其上应有明显的标志,标明管道位置。

**5.5.4**　暗埋天然气管道不宜与其他暗埋管线相互交叉;必须有交叉时,暗埋管道应与其他金属管道或部件绝缘。

**5.5.5**　暗埋天然气管道应选用无缝钢管、焊接钢管、铝塑复合管、铜管、薄壁不锈钢管或不锈钢波纹管。

**5.5.6**　采用铜管进行暗埋时,外壁应覆塑,其管道质量应符合现行国家标准《无缝铜水管和铜气管》GB/T 18033的有关规定,其覆塑厚度应符合现行行业标准《塑覆铜管》YS/T 451的有关规定;采用不锈钢软管时,应符合现行国家标准《燃气输送用不锈钢波纹软管及管件》GB/T 26002的有关规定。

**5.5.7**　暗埋的天然气管道必须为整根管道,其间不应有接口和配件。分路器及用气设备与管道的接口应方便检修。铜管与配件的连接应采用硬钎焊,不锈钢软管与配件的连接应采用专用卡套。

**5.5.8**　暗埋的柔性管道,其外立面必须采用防护钢板保护,钢板厚度不应小于1.2 mm,并应进行防腐处理,钢板宽度应大于软管外径。

**5.5.9**　暗埋天然气管道不得与其他金属结构接触,如钢筋或中性导电体。电器接地线严禁接驳在暗埋的天然气管道上。

**5.5.10** 天然气管道暗埋完成后，应有标明管道走向记录的竣工图。暗埋的天然气管道，在其房屋装修前的水泥覆盖面上应涂刷黄色漆以标明管道位置。

**5.5.11** 暗埋天然气管道的部位应防止冲击、凿洞，与电线、电气设备的净距应满足本标准表 5.4.6 的规定，并不得布设在下列部位：

**1** 暗埋天然气管道易损坏的部位。

**2** 因温度变化使天然气管道产生热膨胀的部位，例如暖气管道旁。

**5.5.12** 居民住宅内明敷的天然气管道因装饰需要暗封时，应满足下列要求：

**1** 暗封材料应可拆卸。

**2** 暗封材料与天然气管道之间应有不小于 20 mm 的空隙，并在暗封管段的两端各留出不小于 20 $cm^2$ 的通风口。

**3** 暗封的天然气立管应采用钢管或覆塑铜管，软管宜使用在天然气计量表后的用气管。

**5.5.13** 天然气管道安装在厨房的橱柜内时，橱柜的门应向外开，且应有通风口，通风换气次数应满足至少 3 次/h，并应符合安装、检修及安全使用的要求。

**5.5.14** 商业和工业企业室内暗设天然气管道除符合以上规定外，还应符合下列规定：

**1** 在不影响楼层地板结构的前提下，可暗埋在楼板专用沟槽内。

**2** 可暗封在管沟内，管沟应设活动盖板，并填充干砂。

**3** 天然气管道不得暗封在可以渗入腐蚀介质的管沟中。

**4** 当暗封天然气管道的管沟与其他管沟相交时，管沟之间应密封，天然气管道应设套管。

# 6　居民生活用气

## 6.1　一般规定

**6.1.1**　居民生活的各类用气设备应采用低压天然气，用气设备前的天然气压力应为 $0.75P_n \sim 1.5P_n$（$P_n$ 为燃具的额定压力）。

**6.1.2**　居民生活的用气设备应设置在自然通风良好的厨房或其他合适的场所，并宜设置排气装置和可燃气体报警器。

**6.1.3**　用气设备与电表、电器设备应错位设置，其水平净距不得小于 500 mm。当无法错位时，应有隔热防护措施。

**6.1.4**　当用气设备设置部位的墙面为木质或其他易燃材料时，必须采取防火措施。

**6.1.5**　各类天然气灶具的侧边与墙、水斗、门框相隔的距离，均不得小于 200 mm。

**6.1.6**　天然气灶具靠窗口设置时，灶面应低于窗口不小于 200 mm。

**6.1.7**　天然气立管上预留安装天然气计量表接口的管径不应小于 DN20；天然气计量表高位安装时，预留接口高度宜离室内地坪 2.20 m，表底离室内地坪高度为 $1.8^{+0.20}_{-0.10}$ m；天然气计量表低位安装时，预留接口高度宜离室内地坪 0.55 m，表底离室内地坪高度为 0.15 m；户外天然气计量表宜安装在表箱内。

**6.1.8**　新建居民住宅厨房的允许容积热负荷指标可取 2.1 MJ/($m^3$ · h)；旧建筑的厨房或安装天然气灶具的其他房间，允许容积热负荷指标可按表 6.1.8 取用。超过上述数值时，应加强通风。

表 6.1.8 房间允许的容积热负荷指标

| 换气次数（次/h） | 1 | 2 | 3 | 4 | 5 |
| --- | --- | --- | --- | --- | --- |
| 容积热负荷指标［$MJ/(m^3 \cdot h)$］ | 1.7 | 2.1 | 2.5 | 2.9 | 3.3 |
| 容积热负荷指标［$kcal/(m^3 \cdot h)$］ | 400 | 500 | 600 | 700 | 800 |

**6.1.9** 居民生活的用气设备与天然气管道用软管连接时，在软管前宜安装天然气自闭阀。

## 6.2 天然气热水器

**6.2.1** 热水器应安装在通风良好的非居住房间、过道或阳台内。房间的高度应大于 2.4 m。强制排气式热水器不应安装在浴室、卫生间或封闭的橱柜内。

**6.2.2** 热水器应设置在操作、检修方便且不易被碰撞的部位。热水器前的空间宽度宜大于 800 mm，侧边离墙的距离应大于 100 mm。

**6.2.3** 热水器应安装在坚固耐火的墙面上。当安装在非耐火墙面时，应在热水器背后衬垫隔热耐火材料，其厚度不小于 10 mm，耐火材料的四周超出热水器外壳边缘 100 mm 以上。

**6.2.4** 热水器与木质门、窗等可燃物的间距应大于 200 mm。当无法做到时，应采取隔热阻燃措施。

**6.2.5** 热水器上部不得有明敷电线、电器设备，热水器的其他侧边与电器设备的水平净距应大于 300 mm。当无法做到时，应采取隔热措施。

**6.2.6** 热水器的安装高度宜满足观火孔距室内地坪高度 1.5 m 的要求。

# 7 公共建筑用气

**7.0.1** 公共建筑生活用气宜采用低压天然气供气和低压天然气设备。

**7.0.2** 公共建筑使用天然气锅炉或天然气直燃型吸收式冷热水机组时，宜采用低压或中压B级制天然气供气。其技术要求应符合现行国家标准《锅炉房设计标准》GB 50041 和现行上海市工程建设规范《燃气直燃型吸收式冷热水机组工程技术规程》DGJ 08—74 的有关规定。

**7.0.3** 公共建筑用气的各类用气设备应安装在通风良好的房间或专用厨房内，不应安装在易燃易爆物品堆放处，不应设置在兼作卧室的警卫室、值班室、人防工程等处。

**7.0.4** 公共建筑使用天然气的各类用气设备确需设置在地下室或半地下室以及地上密闭房间时，除应符合本标准第5.4.9条和第5.4.10条的规定外，还应符合下列要求：

**1** 应设置独立的机械送排风系统，通风量应满足下列要求：

**1）** 正常工作时，换气次数不应小于6次/h；事故通风时，换气次数不应小于12次/h；不工作时，换气次数不应小于3次/h。

**2）** 当燃烧所需的空气由室内吸取时，应满足燃烧所需的空气量。

**3）** 应满足排除房间内热力设备散失的多余热量所需的空气量。

**2** 当有吊平顶时，应在吊平顶上下适当位置设置可燃气体探测器；并应在适当位置设置可燃气体报警控制器，控制器应与紧急切断装置联动。若控制器在天然气泄漏浓度达到爆炸下限

20%时报警，持续报警 1 min 后应自动切断气源。

**3** 各类用气设备应配备熄火保护装置。

**7.0.5** 公共建筑使用的用气设备应有适当的操作空间。

**7.0.6** 实（化）验室的用气管宜明敷，活络木质实（化）验台的用气管可设置在台背后，但天然气阀门接头的位置应高于台面 100 mm，并便于拆装和检修。通风柜的天然气开关可设置在柜内，但必须设置在操作方便处。

**7.0.7** 天然气锅炉或天然气直燃型吸收式冷热水机组的设置和安全措施应符合现行国家标准《锅炉房设计标准》GB 50041 和现行上海市工程建设规范《燃气直燃型吸收式冷热水机组工程技术规程》DGJ 08—74 的有关规定。

# 8 工业企业生产用气

**8.0.1** 工业企业生产设备用气量应按下列原则确定：

**1** 定型燃气加热设备采用设备铭牌标定的用气量或用气负荷。

**2** 非定型天然气加热设备应根据热平衡计算或按同类型用气设备的用气量确定。

**3** 使用其他燃料的加热设备需要改用天然气时，其天然气用气量可根据原燃料实际消耗量与热效率折算确定，计算公式见本标准式(3.4.1)。

**8.0.2** 阀门设置应符合下列要求：

**1** 各用气车间的进口和天然气设备前的管道上均应单独设置阀门，其安装高度不应超过 1.7 m。

**2** 放散管、取样管、测压管前应安装阀门。

**8.0.3** 天然气放散装置应符合下列要求：

**1** 天然气管道干管的末端应设置放散管。

**2** 天然气设备前的阀门与燃烧器阀门之间应设放散管。

**3** 放散管的端部应有防雨、防堵塞措施。

**4** 放散管的阀门前应装有取样管。

**5** 压力不同的天然气设备的放散管不应共用。

**6** 放散管起点处应设置同口径的阀门。

**7** 放散管的管径应能满足置换要求，并不应小于 DN20。

**8** 放散管排放口位置应符合下列要求：

**1）** 放散管管口高出地面不应小于 3 m。

**2）** 不得在厂房内部放散天然气。

**3）** 放散管顶部应位于防雷保护区之内；放散管顶部高度位

于防雷保护区之外时，放散管应另设防雷保护装置。

4）放散操作时，应确保放散管管口处于安全环境；当无法满足时，应另接临时管至安全处放散。

# 9　燃烧烟气的排除

**9.0.1**　天然气燃烧产生的烟气应排至室外，室内有害气体的浓度应符合国家卫生标准的要求。

**9.0.2**　安装生活用的直接排气式用气设备的厨房，应符合本标准第 6.1.8 条用气设备热负荷对厨房容积和换气次数的要求。

**9.0.3**　热水器排烟不得与排油烟气共用一个烟道。

**9.0.4**　安装在浴室内强制给排气式热水器的给、排气口应直接通向室外。排气系统与浴室必须有防止烟气泄漏的措施。

**9.0.5**　接到室外自然排放的烟囱，应有防止倒风的装置。烟囱口不应设在风压区内或使排出的烟气容易进入邻近室内的地方。

**9.0.6**　公共建筑用厨房中的用气设备上方应设排气扇或吸气罩。吸气罩的尺寸应符合图 9.0.6 的要求。

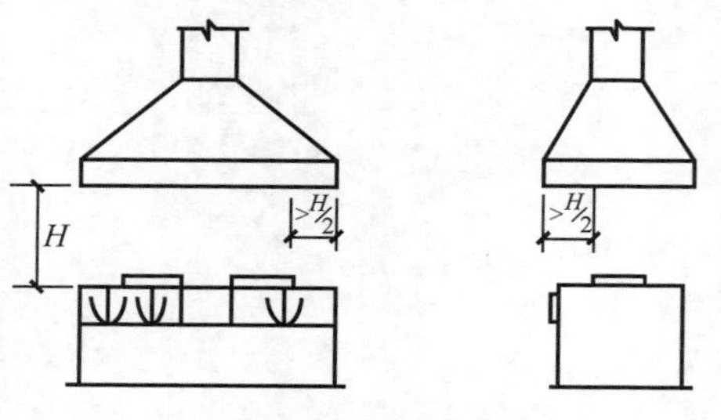


**图 9.0.6　吸气罩尺寸**

**9.0.7**　用气设备的排烟设施应符合下列要求：

**1**　不得与使用固体燃料的设备共用一套排烟设施。

**2**　每台用气设备宜采用单独烟道；当多台设备合用一个总烟道时，应保证排烟时互不影响。

**3**　在容易积聚烟气的地方，应设置防爆装置。

**9.0.8** 当用气设备的烟囱伸出室外时，其高度应符合下列要求：

**1** 平屋顶的烟囱宜高出 3.0 m～6.0 m 范围内建筑物的最高部分 0.6 m～1.0 m。

**2** 坡屋顶的烟囱应符合下列要求(图 9.0.8)：

**1)** 当烟囱与屋脊的水平距离小于 1.5 m 时，烟囱应高出屋脊 0.6 m 以上。

**2)** 当烟囱与屋脊的水平距离为 1.5 m～3.0 m 时，烟囱宜与屋脊同高。

**3)** 当烟囱与屋脊的水平距离大于 3.0 m 时，烟囱应在屋脊水平线下 10°的直线上。

**4)** 在任何情况下，烟囱应高出屋面 0.6 m 以上。

**5)** 当烟囱的位置临近高层建筑时，烟囱应高出沿高层建筑物 45°的阴影线。

**6)** 烟囱出口应有防止雨雪进入的保护罩。

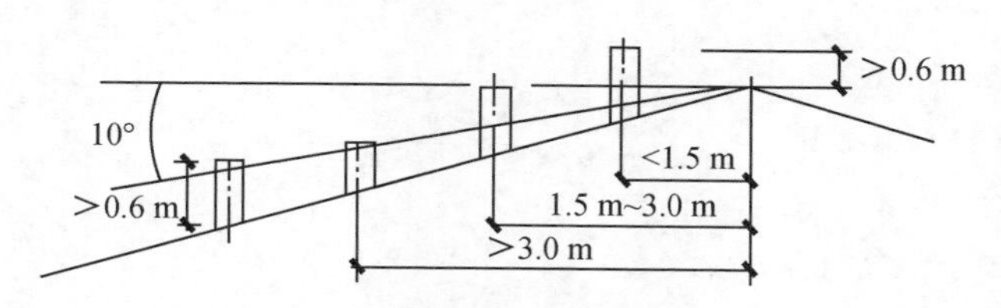


**图 9.0.8 烟囱高出屋顶的高度**

**9.0.9** 用气设备排烟设施的烟道抽力应符合下列要求：

**1** 当热负荷小于 30 kW 时，烟道的抽力不应小于 3 Pa。

**2** 当热负荷大于等于 30 kW 时，烟道的抽力不应小于 10 Pa。

**3** 工业企业生产用气设备的烟道抽力应按工艺要求确定。

**9.0.10** 水平烟道设置长度应符合下列要求：

**1** 居民用气设备的水平烟道长度不宜超过 5 m。

**2** 公共建筑用气设备的水平烟道长度不宜超过 6 m。

**3** 工业企业生产用气设备的水平烟道长度应根据现场情况和烟囱抽力确定。

**9.0.11** 强制排气式热水器烟道水平穿过外墙时,应有 0.3%坡度坡向外墙,其外部管段的有效长度不应小于 50 mm。

**9.0.12** 居民用气设备的烟道距难燃或非燃顶棚或墙的净距不应小于 5 cm;距易燃的顶棚或墙的净距不应小于 25 cm。当有防火保护时,其净距可适当缩小。

**9.0.13** 有排气罩的用气设备不得设置烟道闸板。无排气罩的用气设备,在烟道上应设置闸板,闸板上应有直径大于 15 mm 的孔。

**9.0.14** 烟囱出口应设置风帽或其他防倒风装置,烟囱口不应设在风压区内和使排出的烟气容易进入邻近室内的地方。

# 10 门站、调压与计量

## 10.1 门 站

**10.1.1** 门站应根据上游气源的情况和下游用户的需求，合理布置总平面和工艺流程。

**10.1.2** 当气源来气管道和出站管道采用清管和电子检管器等内检测工艺时，宜在门站内设置清管器和电子检管器等内检测设备的接收和发送装置。

**10.1.3** 门站站址的选择应符合下列要求：

**1** 门站站址应符合城市总体规划和城镇燃气专项规划的要求。

**2** 门站内的工艺设施与周围建(构)筑物的防火间距应符合现行国家标准《建筑设计防火规范》GB 50016 的有关规定。

**3** 门站站址应避开人口稠密区以及大型商场、学校、医院等场所，并应避开油库、飞机场、危险化学品仓库等重要目标。

**4** 站址应选择在适宜的地质场地，避开不良地质地段，并应考虑潮汛和台风的影响；避开与本工程无关的易燃易爆管道、储罐和架空电力线；周边的供水、供电和交通能够满足需求。

**5** 门站站址应少占农田，建筑外观与周围景观保持协调。

**10.1.4** 门站的工艺设计应符合下列要求：

**1** 工艺流程应先进合理、安全可靠，应设置天然气流量、压力、温度指示仪表和气质检测设备，且设置必要的远传遥控装置。

**2** 站内的调压装置应有备用，当一台关闭时，另一台应能自动开启。

**3** 进、出站管道上必须设置阀门，可采用手动、电动、气动或自动阀门。

**4** 站内管道上应设安全保护及安全放散装置，放散管管口高度应高出距其 25 m 内的建(构)筑物 2 m 以上，且距地面的高度不应小于 10 m。不同压力级制的放散管应分别放散。

**5** 站内地上工艺设施均应接地，站外管道与站内工艺管道、地上管道与地下管道连接处应设置绝缘装置。

**6** 站内设备应便于巡视、操作、维修；设备和仪表维修时，应能保证连续供气。

**10.1.5** 站内生产用房应符合现行国家标准《建筑设计防火规范》GB 50016 中甲类生产厂房设计的有关规定，其建筑耐火等级不应低于二级。撬装式调压计量装置外壳的燃烧性能应为不燃，耐火极限不应低于 1 h。

**10.1.6** 仪表控制室应设置天然气浓度检测控制仪表及安全报警装置。

**10.1.7** 门站的消防设施和消防器材的配备应符合现行国家标准《建筑设计防火规范》GB 50016 和其他相关规范的有关规定。

**10.1.8** 门站内电器防爆等级应符合现行国家标准《爆炸危险环境电力装置设计规范》GB 50058 的有关规定。

**10.1.9** 站区内防雷等级应符合现行国家标准《建筑物防雷设计规范》GB 50057 中第二类防雷建筑物的有关规定。

## 10.2 调压站及调压箱

**10.2.1** 天然气调压按压力分为高压-次高压调压站、次高压-中压调压站、中压-中压调压箱、中压-低压调压箱等，按供应对象分为区域调压站(箱)、专用调压站(箱)、用户调压站(箱)等。

**10.2.2** 调压站(箱)内设备的选择应符合下列要求：

**1** 调压器应能满足进出口最大、最小压力的要求，通过能力应能满足下游用户的用气需求。

2　调压器的压力差应根据调压器前天然气管道的最低运行压力与调压器后设定压力之差值确定。

3　调压器的计算流量应按该调压器所承担的管网小时最大输送量的1.2倍确定。

4　调压站(箱)宜由过滤器、主调压器、监控调压器、超压切断阀、安全放散装置、旁通管和绝缘接头等组成。调压站(箱)的设计、安装应符合现行国家标准《城镇燃气调压箱》GB 27791的有关规定。

5　次高压-中压调压站进出口必须设置阀门,中压-中压、中压-低压调压箱进口应设置阀门。

6　调压站(箱)内调压器的进、出口宜设置压力检测点,远传到控制室,并在调压器前、后设置现场测压点。

**10.2.3**　调压站(箱)与其他建(构)筑物的最小安全距离应符合表10.2.3的要求。

**表10.2.3　调压站(箱)与其他建(构)筑物的最小安全距离(m)**

| 调压站(箱)入口天然气压力级制 | 建筑物外墙面 | 重要公共建筑、一类高层民用建筑 | 铁路(中心线) | 城镇道路(路边) | 公共电力变配电柜 |
|---|---|---|---|---|---|
| 次高压(A) | 9 | 18 | 15 | 3 | 4 |
| 次高压(B) | 6 | 12 | 10 | 3 | 4 |
| 中压调压箱 | 4 | 8 | 8 | 1 | 4 |

注:1　当调压设备露天设置时,则指距设备外边缘。
2　当建筑物(含重要公共建筑)的某外墙为无门、窗洞口的实体墙,且建筑物耐火等级不低于二级时,天然气进口压力级别为中压的调压箱一侧或两侧(非平行)可贴靠上述外墙设置。
3　当达不到上表净距要求时,可采取有效措施,适当缩小净距。

**10.2.4**　次高压-中压调压站的设置应符合下列要求:

1　调压站场地周围应设置围墙或护栏。

2　站内应设置备用调压器和旁通管道,当调压器发生故障自动关闭时,备用调压器能自动开启。

3　调压站进、出口压差较大时,其散发的噪声应符合现行国家标准《声环境质量标准》GB 3096 的有关规定。

**4** 调压器的入口处应安装过滤装置，出口处应安装防止天然气出口压力过高的安全保护装置。

**5** 站内应设置远传遥控和有关压力、流量、温度等远传采集装置。

**6** 调压站设备与进、出站埋地钢管连接处应安装绝缘装置。

**7** 站内应有防雷、防静电保护措施。

**10.2.5** 中压-中压、中压-低压调压箱的设置位置应符合下列要求：

**1** 调压箱宜单独设在室外地面上，四周宜设围墙或护栏。

**2** 当调压箱设置位置受到条件限制时，可按下列方法设置：

**1）** 与用气建筑物毗邻(但不包括属甲、乙、丙类有火灾危险性的建筑物和有明火的建筑物及重要的公共建筑)，其毗连的墙应为无门、窗洞口的实体墙，且耐火等级不低于二级。

**2）** 可设在建筑物底层或地下一层靠外墙的房间内，但不应布置在人员密集场所的上一层、下一层或相邻房间内，并应符合本标准第 10.2.8 条的规定。

**10.2.6** 悬挂式调压箱的设置应符合下列要求：

**1** 调压箱的箱底距地坪的高度宜为 1.0 m～1.2 m，可安装于用气建筑物的永久性实体外墙上，其建筑物耐火等级不应低于二级，调压器进口管径不宜大于 DN50。

**2** 调压箱到建筑物的门、窗洞口的水平净距应符合下列要求：

**1）** 当调压器进口天然气压力不大于 0.4 MPa 时，不应小于 1.5 m；当门、窗全封闭时，不应小于 0.75 m。

**2）** 当调压器进口天然气压力大于 0.4 MPa 时，不应小于 3.0 m。

**3** 调压箱不应安装在建筑物的窗下和阳台下的墙上，不应安装在室内通风机进风口的墙上。

4 调压箱上应有自然通风口。

**10.2.7** 落地式调压站（箱）的设置应符合下列要求：

1 落地式调压站（箱）应单独设置在牢固的基础上，柜底距地坪高度宜为 0.3 m。

2 距其他建（构）筑物的水平净距应符合表 10.2.3 的规定。

3 应在柜体上部设置不小于 4%柜底面积的通风口。

**10.2.8** 调压箱设置在建筑物底层或地下一层靠外墙的房间内，除应符合本标准第 5.4.10 条和第 5.4.11 条外，还应符合下列要求：

1 进口压力不应大于 0.4 MPa。

2 调压箱进口端的管道上应设置过滤器和紧急切断装置。

3 调压室内的管道穿越外墙时，应有防沉降及防水措施。

**10.2.9** 地下调压站（箱）的设置应符合下列要求：

1 不宜设置在城镇道路下。

2 应有引出地面的自然通风口，通风口面积应满足本标准第 10.2.7 条的规定。

3 应有能满足调压器检修操作空间的要求。

4 应有防止地下水、雨水进入的防护措施和排水措施，并应有防腐保护。

**10.2.10** 单独用户的专用调压站（箱），当商业用户调压站进口压力不大于 0.4 MPa，工业用户调压站进口压力不大于 0.8 MPa 时，可设置在用气建筑物专用单层毗连建筑物内。该建筑物应满足下列要求：

1 与毗连建筑物相连的墙应为无门、窗洞口的耐火等级不低于二级的建筑物。

2 与其他建（构）筑物的水平净距应满足本标准第 10.2.3 条的规定。

3 建筑物应具有爆炸泄压口，并应有直通室外的门窗。

4 室内地面采用不发火花的材料。

**5** 建筑物室内的通风换气次数不小于2次/h。

**6** 专用建筑物内的电气、照明装置应符合现行国家标准《爆炸危险环境电力装置设计规范》GB 50058的有关规定。

**10.2.11** 当专用调压箱设置在用气建筑物的屋面时，应符合下列要求：

**1** 进口压力不大于0.4 MPa，进口管径不应大于DN100。

**2** 调压箱应有通风装置。

**3** 调压箱的专用房间通风换气次数不小于3次/h。

**4** 调压箱的专用房间内电气、照明装置应符合现行国家标准《爆炸危险环境电力装置设计规范》GB 50058的有关规定。

**5** 天然气管道采用钢管焊接连接，管道与阀门、调压器之间采用法兰连接。

**6** 应在室外地面方便操作处设置阀门。

**7** 露天的调压箱与屋顶烟囱的水平净距不应小于5 m。

**8** 露天的调压箱与天然气管道和屋面的接地体应有等效连接。

## 10.3 天然气计量

**10.3.1** 天然气计量应根据天然气的工作压力、温度、用气设备的最大流量和最小流量等条件选择相应的计量表。

**10.3.2** 各类用户的计量表均应与其计算用气量相匹配。其计量表的能力：工业企业应与装机容量相等，公共建筑应为装机容量的0.7倍。

**10.3.3** 工业企业、公共建筑天然气计量表设置的位置应符合下列要求：

**1** 可设置在室外专用计量箱(撬)或独立建筑物中。当设置在公共建筑物内以及工业企业的生产、生活或办公建筑物内时，应安装在不燃材料结构的室内通风良好处，其通风换气次数不应少于 3 次/h。

**2** 工业企业和公共建筑采用挂装型计量表或专用计量箱时，宜设在用气房间内；采用落地安装的计量表时，宜设在靠外墙并可以自然通风的专用房间内。

**3** 设在工业企业和公共建筑内地上中压计量表和设在地下室或密闭房间的中、低压计量表，还应按本标准第 5.4.10 条的规定设置天然气报警控制系统。

**4** 计量表安装的位置应符合抄表、检修、保养及安全使用的要求，严禁安装在下列场所：

**1**）卧室、浴室、更衣室及厕所内。

**2**）有电源、电器开关及其他电器设备的管道井内，或有可能滞留泄漏天然气的隐蔽场所。

**3**）环境温度高于 45℃的地方。

**4**）经常潮湿的地方。

**5**）堆放易燃易爆、易腐蚀或有放射性物质等危险的地方。

**6**）有变配电等高压电器设备的地方。

**7**）有明显震动影响的地方。

**8**）高层建筑中的避难层及安全疏散楼梯间内。

**9**）手术室等重要场所。

**5** 计量表可与调压装置串联安装在调压站(箱)内。

**10.3.4** 工业企业、公共建筑天然气计量表及房间应符合下列要求：

**1** 中压计量表应有温度、压力修正装置。

**2** 计量表房内的电器设备应采用防爆型。

**3** 计量表房的门宜向外开。

**4** 计量表的安装位置应满足操作和检修安全的需要。

**10.3.5** 居民生活用气计量表的安装部位应符合下列要求：

**1** 计量表应设置在厨房内或户外共用部位，不得设在电梯间、封闭楼梯间及前室内。

**2** 计量表宜明装，如需安装在厨房吊柜或低柜（操作柜）内，应满足通风换气要求，通风面积不得小于柜底面积的 1/3。

**3** 计量表应与天然气灶错位安装，不得安装在用气设备的正上方。计量表与天然气灶的水平间距不得小于 300 mm。当无法错位时，应在计量表下部设置隔热板，隔热板的尺寸不应小于计量表底部的面积。

**4** 计量表与电器设备之间应有 200 mm 的间距。

**10.3.6** 计量表宜配备具有数据无线远传功能的模块和安全切断功能。

# 11 管道及设备的安装

## 11.1 土方工程

**11.1.1** 管沟开挖应符合下列要求：

**1** 管道沟槽应按设计规定的平面位置和标高开挖。为防止槽底地基扰动，不应超挖。人工开挖且无地下水时，槽底宜预留0.05 m～0.10 m；机械开挖或有地下水时，槽底预留值不应小于0.15 m。管道安装前应人工清底至设计标高。

**2** 管沟沟底宽度宜符合下列要求：

**1**）单管沟底组装宜符合表11.1.1-1的规定。

**表 11.1.1-1 沟底宽度(管沟深度小于或等于 3 m)**

| 管道公称直径（mm） | 50～80 | 100～200 | 250～350 | 400～450 | 500～600 | 700～800 | 900～1 000 | 1 100～1 200 |
|---|---|---|---|---|---|---|---|---|
| 沟底宽度（m） | 0.6 | 0.7 | 0.8 | 1.0 | 1.3 | 1.6 | 1.8 | 2.0 |

**2**）单管沟边组装可按下式计算：

$$a = D + 0.3 \qquad (11.1.1\text{-}1)$$

**3**）双管同沟敷设可按下式计算：

$$a = D_1 + D_2 + S + C \qquad (11.1.1\text{-}2)$$

式中：$a$ ——沟底宽度（m）；

$D$ ——管道外径（m）；

$D_1$ ——第一根管道外径（m）；

$D_2$ ——第二根管道外径（m）；

$S$ ——两管之间的设计净距（m），一般取0.5；

$C$ ——工作宽度，在沟底组装时取 0.6 m，在沟边组装时取 0.3 m。

**3** 梯形槽见图 11.1.1，上口宽度可按下式计算：

$$b = a + 2nh \tag{11.1.1-3}$$

式中：$b$ ——沟槽上口宽度(m)；

$a$ ——沟槽底宽度(m)；

$n$ ——沟槽最大边坡率(边坡的水平投影与垂直投影的比值)，见表 11.1.1-2；

$h$ ——沟槽深度(m)。

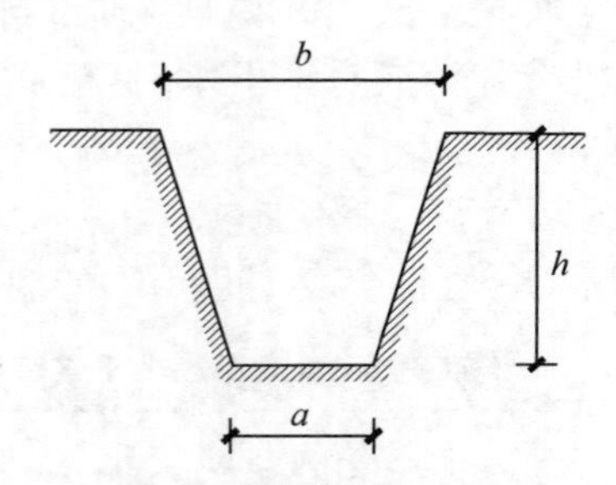


**图 11.1.1 梯形槽横断面**

当土壤具有天然湿度，构造均匀，无地下水，水文地质条件良好，且挖深小于 5 m，不加支撑时，沟槽的最大边坡率可按表 11.1.1-2确定。

**表 11.1.1-2 深度在 5 m 以内的沟槽最大边坡率(不加支撑)**

| 土壤类别 | 最大边坡率 | | |
|---|---|---|---|
| | 人工开挖并将土抛于沟边上 | 机械开挖 | |
| | | 在沟底挖土 | 在沟边上挖土 |
| 砂　土 | 1∶1.00 | 1∶0.75 | 1∶1.00 |
| 亚砂土 | 1∶0.67 | 1∶0.50 | 1∶0.75 |
| 亚黏土 | 1∶0.50 | 1∶0.33 | 1∶0.75 |

续表 11.1.1-2

| 土壤类别 | 最大边坡率 | | |
| --- | --- | --- | --- |
| | 人工开挖并将土抛于沟边上 | 机械开挖 | |
| | | 在沟底挖土 | 在沟边上挖土 |
| 黏　土 | 1∶0.33 | 1∶0.25 | 1∶0.67 |
| 含砾土卵石土 | 1∶0.67 | 1∶0.50 | 1∶0.75 |
| 泥炭岩白垩土 | 1∶0.33 | 1∶0.25 | 1∶0.67 |
| 干黄土 | 1∶0.25 | 1∶0.10 | 1∶0.33 |

注：1　如人工挖土不把土抛于沟槽上边而随时运走，则可采用机械在沟底挖土的坡度。

2　弃土堆置高度不宜超过 1.5 m。靠房屋墙壁堆土时，其高度要求不超过墙高的 1/3。弃土与沟边应有安全距离。

**4**　土质疏松的管沟深度超过 1 m 时，应采取支撑措施加固沟壁。但深度超过 1.5 m 或遇流砂土质时，应采取连续支撑措施。

**5**　管沟距电线杆不超过 1 m 时，应采取加强支撑措施。

**6**　沟基应为原状土，对超挖或被扰动的沟基，应用原状土、细土或黄砂回填夯实。

**7**　沟底遇有废旧构筑物、硬石、木头、垃圾等杂物时，应清除后铺设一层厚度不小于 0.15 m 的砂土或素土并整平夯实。

**8**　当管基遇有软弱土层或腐蚀性土壤时，应将软弱土层挖去直至实土，挖去部分应用细土或干砂填平至规定标高。对有腐蚀性的土壤，应在沟底填埋石灰土进行处理。

**11.1.2**　回填土应符合下列要求：

**1**　管沟回填土施工前，应清除沟内杂物、排净沟内积水。

**2**　管沟回填施工时，应先填实沟底，然后用砂土或细土、原状土同时填充管道两侧，并在填至管顶以上 300 mm 处(未经检查的接口应留出)，覆盖印有“注意　燃气”提示字样的专用塑料地下警示装置；埋地聚乙烯管应随管道走向埋设金属示踪线。

管沟未填部分在管道检验合格后应及时回填。

**3** 管沟的支撑应在保证施工安全的情况下，按回填进度拆除；拆除竖板桩后，应以砂土填实缝隙。

**4** 管道两侧及管顶以上 0.5 m 内的回填土，不得含有直径大于 20 mm 的碎块、砖块、垃圾等杂物；不得用冻土回填。

**5** 聚乙烯管道在回填土时，如气温较高，应将管道冷却至土壤温度后方可回填。

**6** 回填土应分层夯实，每层松土厚度为 0.2 m～0.3 m。管道两侧及管顶以上 0.5 m 以内的填土应采用人工夯实；超过管顶 0.5 m 时，可使用小型机械夯实，并分层检查密实度。管沟各层的密实度应符合图 11.1.2 所示的要求。

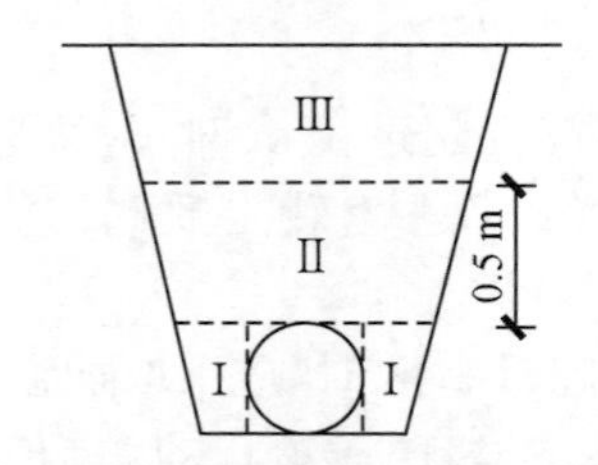


注：Ⅰ—胸腔填土90%；Ⅱ—管顶以上0.5 m内90%；
Ⅲ—管顶以上0.5 m以上至地面90%~95%。
在城镇道路范围内的沟槽95%；在耕地、绿化地内90%。

**图 11.1.2　回填土横断面**

## 11.2　管材、管件、附件、设备的检验

**11.2.1**　天然气管材、管件、附件、计量表及用气设备等必须具有制造厂的合格证。

**11.2.2**　天然气管材、管件、附件、计量表及用气设备等在安装前应按设计要求核对其规格、型号，符合要求后方可使用。

**11.2.3**　钢管及其管件应进行外观检查，并符合下列要求：

**1**　表面应无裂纹、缩孔、夹渣、皱褶、重皮等缺陷。

2　表面不应有超过壁厚负偏差的锈蚀或凹陷。

3　钢管外径及壁厚尺寸偏差应符合现行国家标准《焊接钢管尺寸及单位长度重量》GB/T 21835、《无缝钢管尺寸、外形、重量及允许偏差》GB/T 17395、《管道工程用无缝及焊接钢管尺寸选用规定》GB/T 28708 的要求。

**11.2.4**　铸铁管及管件应进行下列内容的检查：

1　标记检查：铸铁管应有制造厂的名称和商标、制造日期及工作压力符号等标记。

2　外观检查：铸铁管及管件每批应抽 10%检查其表面状况、涂漆质量及尺寸偏差。

3　资料检查：铸铁管及管件应有制造厂气密性试验资料。

**11.2.5**　聚乙烯管及管件应进行外观检查，并应符合下列要求：

1　内、外表面应清洁、光滑，不得有气泡、明显的划伤、凹陷、杂质、颜色不均等缺陷。

2　聚乙烯管及管件的性能、规格尺寸应符合国家现行标准的规定。

3　管材上应标有“燃气”或“GAS”字样。

**11.2.6**　天然气阀门应有气密性试验资料。现场安装时应逐个按全开和全闭两个位置进行试验，合格后方可安装。

**11.2.7**　补偿器、法兰、盲板及紧固件等应进行检查，其尺寸偏差应符合国家现行标准的规定。法兰密封面应平整光洁，不得有毛刺及径向沟槽。

**11.2.8**　石棉橡胶、橡胶、塑料等非金属垫片应采用质地柔软、耐腐蚀的材料，且无老化变质和分层现象，表面无折损、皱褶等缺陷。

## 11.3　钢管施工

**11.3.1**　钢管施工前，应检查管道是否平直，有无砂眼、裂缝等瑕疵，管道内的垃圾、泥沙、杂质应清除干净。

**11.3.2** 热镀锌钢管应采用管螺纹连接，管螺纹应规整，断丝或缺丝不得大于螺纹全部牙数的10%。螺纹接口填料应采用聚四氟乙烯带，装紧后不得倒回。管道公称压力 *PN* 小于等于0.2 MPa时，应采用符合现行国家标准《55°密封管螺纹　第2部分：圆锥内螺纹与圆锥外螺纹》GB/T 7306.2 规定的螺纹（锥/锥）连接。

**11.3.3** 涂覆钢管的切割应采用不破坏涂覆层的夹具，安装应采用专用施工工具。

**11.3.4** 钢管与法兰的连接应采用焊接，镀锌钢管与法兰的连接应采用螺纹法兰。法兰与钢管的连接应符合下列要求：

**1** 法兰应垂直于钢管中心轴线，两片法兰的表面应相互平行。

**2** 法兰衬垫的两面应涂工业脂，且不应使用双层垫。

**3** 法兰衬垫不应突入管内，其外圆以到法兰螺栓孔为宜。

**4** 法兰连接应使用同一钢管螺栓，安装方向一致。紧固后的螺栓端部宜与螺母齐平。

**11.3.5** 钢管施工时，无缝钢管和螺纹连接的钢管宜采用机械法切割，切口质量应符合下列要求：

**1** 切口表面平整，不得有裂纹、重皮、毛刺、凹凸、缩口、熔渣、氧化铁和铁屑等。

**2** 切口平面倾斜性偏差宜为钢管直径的1%，但不得超过3 mm。

**11.3.6** 钢制管件的质量应符合下列要求：

**1** 钢管弯制后的质量应符合下列要求：

**1）** 无裂缝、分层、过烧等缺陷。

**2）** 壁厚减薄率不得超过10%，且不小于设计计算壁厚。

**3）** 椭圆率不得超过5%。

**2** 大小头的偏心值不应大于大端外径的1%，且不大于5 mm。

3 焊制三通的支管垂直偏差不应大于其高度的1%，且不大于3 mm。

4 焊制管件直径大于400 mm时，应在其内侧的焊缝根部进行封底焊；小于400 mm时，应采用多层焊，确保焊缝焊透。

5 所有焊制的钢管和管件内部应保证能顺利通过清管器。

**11.3.7** 钢管焊接应符合下列要求：

1 焊工应按现行国家标准《现场设备、工业管道焊接工程施工规范》GB 50236的有关规定进行焊工考试，经外观和射线探伤检查，其焊缝质量达到Ⅲ级以上并取得焊工合格证件后，方可进行施焊。

2 已取证的焊工，当中断焊接工作6个月以上时，如能满足下列规定之一，可重新担任原合格项目的焊接作业：

1）重新进行该项目的操作技术考试并合格。

2）现场焊接相应项目的管状对接焊缝，且不得少于1个焊口，周长不得小于360 mm，经射线照相检验全部合格。

3 钢管、管件坡口的加工应采用机械加工。当设计无规定时，坡口形式和尺寸应符合现行国家标准《现场设备、工业管道焊接工程施工规范》GB 50236的有关规定。

4 壁厚相同的钢管、管件组对，内壁应齐平，内壁错边量不应超过管壁厚度的10%，且不大于1 mm。

5 不同壁厚的钢管、管件组对，应符合下列要求：

1）内壁错边量：超过本条第4款规定时，应按现行国家标准《现场设备、工业管道焊接工程施工规范》GB 50236规定的形式加工。

2）外壁错边量：当管件厚度不大于10 mm、厚度差大于3 mm时，应按现行国家标准《现场设备、工业管道焊接工程施工规范》GB 50236规定的形式进行整修。

6 钢管采用下向焊焊接工艺时，应选用内、外对口器进行管道组对，在撤离内对口器前必须焊完全部根焊道。若采用外对口器，撤离外对口器前，根焊道必须焊完50%以上，根焊道每段长度应近似相等，且均匀分布。

**7** 带纵向焊缝的钢管组对时，相邻两管段的纵向焊缝应错开100 mm，纵向焊缝应位于管道的上部或侧面。

**8** 管道、管件组对时，坡口表面不得有裂纹、夹层等缺陷，坡口及其两侧10 mm内的油漆、锈斑、毛刺等应清理干净。

**9** 管道、管件组对点固焊的工艺措施及焊接材料应与正式焊接一致。点固焊的点焊长度宜为10 mm～15 mm，高度为2 mm～4 mm，且不应超过管壁厚度的2/3。点固焊的焊肉如发现裂纹等缺陷，应及时处理。

**10** 管道、管件组对点固焊，应保持焊区内不受恶劣环境条件(风、雨、雪)的影响。

**11** 焊接在管道、管件上的组对卡具，其材质应与母材相同，卡具的焊接工艺及焊接材料应与正式焊接要求相同。卡具的拆除宜采用氧乙炔焰切割，焊接的残留痕迹应进行机械修整。

**12** 焊条、焊剂应具有使用说明书和质量保证书。焊条、焊剂使用前应按出厂说明书的规定进行烘干，并在使用过程中保持干燥。焊条药皮应无脱落和显著裂缝。

**13** 每道焊缝完工后，应在气流方向上距焊口100 mm处打上施焊焊工钢印。

**11.3.8** 管道焊缝质量的检验应符合下列要求：

**1** 管道焊接后应进行外观检查。外观检查应在无损探伤、强度试验及严密性试验之前进行。

**2** 设计文件规定焊缝系数为1的焊缝或设计要求进行100%内部质量检验的焊缝，其外观质量不得低于现行国家标准《现场设备、工业管道焊接工程施工规范》GB 50236中Ⅱ级焊缝标准；对内部质量进行抽检的焊缝，其外观质量不得低于现行国家标准《现场设备、工业管道焊接工程施工规范》GB 50236中Ⅲ

级焊缝标准。

**3** 设计文件规定焊缝系数为 1 的焊缝或设计要求进行 100%内部质量检验的焊缝，焊缝内部质量射线照相检验不得低于现行国家标准《无损检测 金属管道熔化焊环向对接接头射线照相检测方法》GB/T 12605 中Ⅱ级焊缝要求；超声波检验不得低于现行国家标准《焊缝无损检测 超声检测技术、检测等级和评定》GB/T 11345 中Ⅰ级焊缝要求。

**4** 对内部质量进行抽检的焊缝，其内部质量射线照相检验不得低于现行国家标准《无损检测 金属管道熔化焊环向对接接头射线照相检测方法》GB/T 12605 中Ⅲ级焊缝要求；超声波检验不得低于现行国家标准《焊缝无损检测 超声检测 技术、检测等级和评定》GB/T 11345 中Ⅱ级焊缝要求。

**5** 管道焊缝的无损探伤应按设计文件的规定执行。当设计文件无规定时，应对每名焊工所焊的焊缝总数按不少于 15%进行抽查，且不少于 1 个焊口。

**6** 做无损探伤检查的焊缝，不合格部位必须进行返修，返修后仍按原规定方法进行探伤检查。

**7** 检查中发现有不合格焊缝时，应对被抽查焊工所焊的焊缝加倍探伤检查。当仍有不合格时，应对该焊工在该管道上所焊的全部焊缝进行无损探伤检查。

## 11.4 钢管防腐

**11.4.1** 钢管在防腐前应按现行行业标准《涂装前钢材表面处理规范》SY/T 0407 的有关规定进行表面清洗。处理钢管管体除锈质量等级不应低于 Sa 2.5 级，补口、补伤部位除锈质量等级不应低于 St 3 级。

**11.4.2** 钢管的表面处理宜采用机械除锈。抛射除锈方法和磨料要求按现行行业标准《涂装前钢材表面处理规范》SY/T 0407 的有关规定执行，除锈质量等级及其质量要求应符合表 11.4.2 的规定。

**表 11.4.2　钢管表面除锈质量等级及其质量要求**

| 质量等级 | 质量要求 |
| --- | --- |
| (St 2 级)手动工具除锈 | 可保留粘附在钢表面上且不能用纯油灰刀剥掉的氧化皮 |
| (St 3 级)动力工具除锈 | 可保留粘附在钢表面上且不能用纯油灰刀剥掉的氧化皮、铁锈和旧涂层 |
| (Sa 1 级)轻扫级喷射或抛射除锈 | 钢材表面应无可见的油脂和污垢，并且没有附着不牢的氧化皮、铁锈和油漆涂层等附着物 |
| (Sa 2 级)工业级喷射或抛射除锈 | 钢材表面应无可见的油脂和污垢，并且氧化皮、铁锈和油漆涂层等附着物已基本清除，其残留物是牢固附着的 |
| (Sa 2.5 级)近白级喷射或抛射除锈 | 钢材表面应无可见的油脂、污垢、氧化皮、铁锈和油漆涂层等附着物，任何残留的痕迹应仅是点状或条纹的轻微色斑 |
| (Sa 3 级)白级喷射或抛射除锈 | 钢材表面应无可见的油脂、污垢、氧化皮、铁锈和油漆涂层等附着物，该表面应显示均匀的金属光泽 |

**11.4.3**　架空天然气管道的外壁应涂防锈漆和黄色识别标志。

**11.4.4**　埋地天然气钢管可采用聚乙烯胶粘带、熔结环氧粉末和三层结构聚乙烯等作绝缘防腐层；补口和补伤可采用辐射交联聚乙烯热收缩套(带/片)。异型管件宜采用成熟可靠的防腐工艺进行防腐。

**11.4.5**　埋地天然气钢管外防腐应采用加强级防腐结构。

**11.4.6**　使用不同防腐材料作防腐绝缘层时，应符合国家现行标准的有关规定。

**11.4.7**　为防止电化学腐蚀，埋地钢管采取防腐层绝缘后，还应采取阴极保护措施。阴极保护系统的设计、施工、测试、管理与维护应按现行国家标准《埋地钢质管道阴极保护技术规范》GB/T 21448 执行。

**11.4.8** 对于采用顶管、定向钻穿越的管道，在施工前应进行整体防腐性能测试，测试合格后方可施工。

## 11.5 铸铁管施工

**11.5.1** 铸铁管接口的连接应采用S型机械接口，接口填料应使用天然气用密封橡胶圈。

**11.5.2** 铸铁管接口时，两管中心线应保持成一直线。

**11.5.3** S型机械接口铸铁管应使用定扭力扳手拧紧螺栓，扭矩为60 N·m。压轮上的螺栓应对称逐次拧紧至规定扭矩，并使各螺栓受力均匀。

## 11.6 聚乙烯管道施工

**11.6.1** 聚乙烯管道施工前，应按设计要求核对管材、管件及附属设备，在施工现场进行外观检查。管道与管件连接时，应进行清扫处理，管道内应无异物、油污等。

**11.6.2** 聚乙烯管材、管件和阀门不应长期户外存放，贮存条件应符合现行行业标准《聚乙烯燃气管道工程技术标准》CJJ 63的有关规定。

**11.6.3** 聚乙烯管材、管件存放处与施工现场温差较大时，连接前应将管材和管件在施工现场放置一定时间，使其温度接近施工现场温度。

**11.6.4** 聚乙烯管道下沟时应避免擦伤，并注意不使砖、石块滚落于管道上。在施工中如需暂停管道施工时，应在管端临时封口，以免异物进入。

**11.6.5** 聚乙烯管道的连接应符合下列要求：

**1** 聚乙烯管材与管件、阀门的连接应采用热熔对接或电熔连接（电熔承插连接、电熔鞍形连接）方式，不得采用螺纹连接或粘接。

**2** 聚乙烯管材与金属管道或金属附件连接时，应采用钢塑转换管件连接或法兰连接；当采用法兰连接时，宜设置检查井。

**11.6.6** 聚乙烯管道不同连接形式应采用对应的专用连接工具，不得使用明火加热。

**11.6.7** 聚乙烯管道连接宜采用同种牌号、材质的管材和管件。不同牌号、材质的管材和管件之间的连接，应经管道的焊接工艺评定合格后，方可进行。

**11.6.8** 聚乙烯管道连接时，管端应清洁。每次收工后，管口应临时封堵。

**11.6.9** 在寒冷气候（−5℃以下）和大风环境条件下进行熔接操作时，应采取保护措施或调整熔接工艺。

**11.6.10** 聚乙烯管道系统安装完毕后，应进行外观质量检查。质量检查应符合下列要求：

**1** 施工现场应按现行行业标准《聚乙烯燃气管道工程技术标准》CJJ 63 的规定进行外观质量检查。

**2** 接口的现场破坏性质量检验：把对接区从管道上切割下来，沿轴线锯开成 3 条，观察检查焊接断面，应无气孔和脱焊，沿轴线弯曲 180°，焊接处应无裂缝出现。

**3** 接口的现场卷边切除检验：将热熔焊道外卷边从根部切除，观察检查焊接断面，卷边应是实心和圆滑的，根部较宽，应无杂质、气孔和裂纹，并看不到连接线。

**11.6.11** 聚乙烯管道连接工应经过专门技术培训，经操作考核和书面考核合格后，方可上岗操作。

## 11.7 室内天然气管道及设备安装

**11.7.1** 进户管的安装应符合下列要求：

**1** 进户管应在外墙伸出地面，用低立管或高立管进户，离地高度应符合本标准第4.3.2条的规定。

**2** 进户管安装补偿器时，应符合设计要求。

**3** 进户立管应靠近墙面垂直地坪安装，立管与墙面勒脚的净距不宜大于20 mm，高立管应采用管卡固定。

**11.7.2** 室内天然气管道的安装应符合下列要求：

**1** 管道应沿墙面安装，当与其他管线相遇时，应符合本标准第5.4.5条的规定。

**2** 建筑每层之间天然气立管应采用长管，不得利用短管接长的方法。

**3** 天然气管道的支架应用管卡、角铁加U形箍等固定，不得使用钩钉固定。

**4** 室内天然气管道螺纹接口的螺纹外露部位应进行防腐或涂胶处理。

**5** 超高层建筑室内立管底部的支墩应采用钢筋混凝土或钢质材料制作。

**6** 超高层建筑室内立管的补偿器宜选择波纹补偿器或Ω型弯补偿。选择波纹补偿器的规格和数量应根据管道伸缩量和补偿器的补偿能力确定。

**7** 室内横向管道上如有较重荷载的设备(如阀门等)，应在设备的下方采用支架或上方采用悬吊的方法，并宜在设备的一端或两端设置补偿器。

**11.7.3** 计量表的安装应符合下列要求：

**1** 挂装型计量表的进口阀门，其轴线宜与墙面呈45°左右。

**2** 挂装型计量表的背面与墙面应保持10 mm～20 mm的间距。

**3** 计量表的安装应端正。

**4** 采用法兰连接的计量表，其进、出口管上应装有DN10的测压点各1个。进、出口管径大于DN100时，应在进口阀门前的明支管上和出口阀门后的用气管上安装DN32的内螺纹接头及管堵各1套。

**5** 进、出口均采用金属软管连接的挂装型计量表，应单独设置固定用支架。

**11.7.4** 民用用气设备的安装应符合下列要求：

**1** 各类用气设备应水平安装，不得歪斜。

**2** 两(单)眼天然气灶的安装应符合下列要求：

1) 两(单)眼天然气灶进口用气管管径不得小于DN15，用气管上应安装DN15燃气球阀。

2) 用气设备的连接应符合现行上海市地方标准《燃气燃烧器具安全和环保技术要求》DB31/T 300的有关规定。

**3** 西式烤箱灶的灶背离墙距离不得小于50 mm。

**11.7.5** 天然气热水器的安装应符合现行行业标准《家用燃气燃烧器具安装及验收规程》CJJ 12的有关规定，并满足下列要求：

**1** 连接天然气热水器的天然气管道管径不得小于热水器上天然气接管的标定管径，冷、热水管管径应与天然气热水器进、出口管管径相符。

**2** 天然气管道的进口处应装置活接头。

## 11.8 室内天然气管道暗埋与暗封的安装

**11.8.1** 铜管、不锈钢软管及管件在运输、装卸和搬运时应小心轻放，排列整齐，不得受尖锐物品碰撞，不得抛、摔、滚、拖。

**11.8.2** 施工过程中应防止强酸、强碱、有机溶剂等有腐蚀作用的化学品与铜管、不锈钢管及其覆塑层接触。

**11.8.3** 铜管、不锈钢软管及其管件在安装前应进行外观检查，并应符合下列要求：

**1** 管子覆塑表面应光滑平整，无气泡、裂纹、脱皮等现象。

**2** 管件外表面应光滑、清洁，无裂纹和明显的凹凸不平；铜管件不得有超过壁厚负偏差的划痕，纵向划痕深度不应大于壁厚的 10%，且不超过 0.3 mm。

**3** 管子与管件的外径及壁厚尺寸偏差应符合国家或行业的制造标准。

**11.8.4** 管道暗埋时，铜管与管件应采用硬钎焊连接。与天然气阀门等连接的明露部位应采用承插式管件钎焊连接。不锈钢软管的暗埋部分严禁使用接头。

**11.8.5** 铜管钎焊应符合下列要求：

**1** 铜管的下料切割面应与铜管中心轴线垂直，切割后应除去管口内外毛刺并整圆。

**2** 钎焊处铜管外壁与管件内壁应用细砂纸或钢毛刷除去表面污物及氧化层。

**3** 钎焊前应调整铜管插入端与管件承口部分的装配间隙，使其均匀。

**4** 铜管钎焊时，可选用表 11.8.5 规定的铜磷(银)钎料。

**表 11.8.5 钎焊料主要成分**

| 牌 号 | 主要化学成分(%) | | | 熔化温度区(℃) | 特 性 |
|---|---|---|---|---|---|
| | P | Ag | Cu | | |
| QWY-10(无银) | 7.8～8.5 | — | 余量 | 710～780 | 铺展性、填缝性好 |
| QJY-5B(低银) | 6.8～7.5 | 1.8～2.2 | 余量 | 643～711 | 接头焊缝性能良好 |

**5** 铜管钎焊时，应均匀加热被焊铜管件。当温度达到 650℃～750℃时送入钎料，使钎料渗入承插口间隙内。焊料填满承插口间隙后应停止加热，并保持静止，然后用湿布揩拭钎焊连接部分。

**6** 钎焊时应剥去 100 mm 长的覆塑层，在裸管上缠绕湿布。焊后应及时在裸管表面涂刷装饰漆。

**7** 铜管钎焊后应进行外观检查，钎缝应饱满并呈圆滑的钎角，钎缝表面无气孔及铜管件边缘被熔蚀等缺陷。

**8** 铜管钎焊的钎入率应达到 50%及以上。

**11.8.6** 暗埋管道的管槽表面应平整，不得有尖角等凸出物。管道试压合格后，管槽应用 M7.5 级（1：2）水泥砂浆填补密实。填补水泥砂浆时，管道与管槽之间的空隙内不得有垃圾、碎片及积存水汽等。

**11.8.7** 暗埋管道的固定应符合下列要求：

**1** 可采用鞍形管箍进行固定。

**2** 管箍设置应平整、牢固，与管子接触紧密。

**3** 管箍应设置在管道转弯处及进、出墙处；当管道直管长度超过 2 m 时，应增设管箍固定。

**4** 伸出墙壁管槽外悬空的天然气阀门应用支架进行固定。

**11.8.8** 弯管质量应符合下列要求：

**1** 暗埋铜管和不锈钢软管弯曲率应符合管道弯曲的相关要求。弯管时，铜管应采用弹簧弯管或机械弯管方法，不锈钢软管应采用手工弯管方法。

**2** 不得有裂纹。

**3** 不得有皱褶。

**4** 测量弯管任一截面上的最大外径与最小外径差，其值不得超过制作弯管前管子外径的 8%。

# 12 试压与验收

## 12.1 一般规定

**12.1.1** 以引入管阀门(当无阀门时,以距地面 1.0 m 处)为分界,在阀门之前的称地下管道,在阀门之后的称地上管道,阀门后如有入地管道,其试压验收按地下管道要求执行。

**12.1.2** 地下天然气管道在下沟回填后应进行清管和吹扫,在投产前还应进行管道的干燥。

**12.1.3** 聚乙烯管道和公称直径小于 DN100 或长度小于 100 m 的钢质地下管道只进行吹扫;公称直径不小于 DN100 的钢质地下管道应进行清管和吹扫。

**12.1.4** 地上管道在进行强度试验前,管道内应吹扫干净。

**12.1.5** 采用定向穿越等特殊工艺的天然气管道,应在穿越前先进行清管、吹扫、强度试验和严密性试验,合格后方可进行穿越施工,并与直埋段镶接。镶接完成后,应进行整体强度试验和严密性试验。

**12.1.6** 暗埋敷设的地上天然气管道系统的强度试验和严密性试验应在未隐蔽前进行。

## 12.2 地下管道的清管

**12.2.1** 管道的清管应在待清通管道的始、终点分别安装清管球(清管器)的发射和接收装置,并沿途安装测压点。

**12.2.2** 清管球或清管器的直径应为管道内径的 1.05 倍,材质为氯丁橡胶。顶球的最大压力不得大于设计压力的 1.25 倍。

**12.2.3** 对不同管径的管道应选用相应规格的清管球或清管器进行分级清通，先大口径后小口径，先干管后支管。

**12.2.4** 清管球内注水压力应与清管压力相同。

**12.2.5** 清管过程中，沿途每隔一定距离应设置人员监控管内清扫情况。

**12.2.6** 清通次数不得少于 2 次，清通后应无杂质、污水排出，同时应作好记录。

## 12.3 地下管道的吹扫

**12.3.1** 吹扫的介质应采用压缩空气，吹扫气体流速不宜低于 20 m/s。吹扫压力不得大于管道设计压力，且不应大于 0.3 MPa。

**12.3.2** 吹扫时压缩机出口端宜安装油水分离器和过滤器，以防止有害物质进入管道。

**12.3.3** 埋地聚乙烯天然气管道进行吹扫、强度试验、严密性试验时，压缩空气的温度不应超过 40℃，且不应低于－20℃。

**12.3.4** 全线应分段吹扫，每段吹扫的长度不宜超过 1 km。

**12.3.5** 吹扫时应按先干管后支管的顺序进行。

**12.3.6** 当有若干分支管时，各支管应分别进行吹扫。

**12.3.7** 吹扫管段内的调压器、阀门、孔板、过滤器、计量表、仪表等设备不应参与吹扫，待吹扫合格后再安装就位。

**12.3.8** 吹扫放散位置应设置在开阔地带，不得危及人和物的安全。

**12.3.9** 吹扫应反复数次，直至所有管道吹扫干净。吹扫的合格标准为：管道内无撞击响声、流水声，吹扫口无锈灰、焊渣、泥土、石块等杂物吹出；同时作好记录。引入室内的支管吹扫，在管道吹扫口用白布检查，无污物吹出为合格。

## 12.4 强度试验

**12.4.1** 地下管道的强度试验应在整体防腐性能测试、清管、吹扫合格后进行。

**12.4.2** 地下管道强度试验应按设计要求进行，试验压力为设计压力的 1.5 倍，且不小于 0.4 MPa。

**12.4.3** 设计压力不大于 0.8 MPa 的地下天然气管道可采用压缩空气作强度试验介质，但应采取有效的安全措施。

试压过程中，升压速度需严加控制，应分 3 次升压，即在压力分别为 30%、60%试验压力时，分别稳压 0.5 h，对管道及其附属设备、仪表进行观察；若未发现问题，便可继续升压至规定试验压力。在规定的试验压力下稳压 2 h，并沿线观察 0.5 h，无压力降为合格。

**12.4.4** 设计压力大于 0.8 MPa 的地下天然气干管用清洁水作强度试验介质。

水试压时，压力要平稳。当试压至规定试验压力的 1/3 时，停止 15 min；再升至规定试验压力的 2/3，停止 15 min；再升至规定的试验压力，稳压 2 h，沿线观察 0.5 h，无压力降为合格。

**12.4.5** 试压时，压力表精度不应小于 1.6 级，其量程应为试验压力的 1.5 倍～2.0 倍，最小刻度不应大于 0.02 MPa，表盘直径不小于 150 mm，且压力表不少于 2 只。

**12.4.6** 地上管强度试验压力应为设计压力的 1.5 倍，且不得低于 0.1 MPa。试验介质应采用空气或氮气。

**12.4.7** 地上管强度试验应符合下列要求：

**1** 在低压天然气管道系统达到试验压力时，稳压不少于 0.5 h 后，应用发泡剂检查所有接头，无渗漏且压力计量装置无压力降为合格。

**2** 在中压天然气管道系统达到试验压力时，稳压不少于 0.5 h 后，应用发泡剂检查所有接头，无渗漏且压力计量装置无压力降为合格；或稳压不少于 1 h，观察压力计量装置，无压力降为合格。

**3** 当中压以上天然气管道系统进行强度试验时，应在达到试验压力的50%时停止不少于15 min，用发泡剂检查所有接头，无渗漏后方可继续缓慢升压至试验压力并稳压不少于1 h，压力计量装置无压力降为合格。

## 12.5 严密性试验

**12.5.1** 严密性试验应在强度试验合格后进行。

**12.5.2** 地下管道的严密性试验宜采用空气，试验压力按下列要求进行：

**1** 设计压力小于5 kPa时，试验压力应为20 kPa。

**2** 设计压力大于或等于5 kPa时，试验压力应为设计压力的1.15倍，且不得小于0.1 MPa。

**12.5.3** 地下管道试压时，升压速度不宜过快。对于设计压力大于0.8 MPa的管道试压，压力缓慢上升至30%和60%试验压力时，应分别停止升压，稳压0.5 h，并检查系统有无异常情况；如无异常情况，继续升压。

**12.5.4** 严密性试验稳压的持续时间应为24 h，无压力降为合格。

**12.5.5** 地上管道严密性试验介质应采用空气或氮气，并应符合下列要求：

**1** 低压管道系统

试验压力应为设计压力且不得低于5 kPa。在试验压力下，居民用户应稳压不少于15 min，商业和工业企业用户应稳压不少于30 min，并用发泡剂检查所有接头，无渗漏且压力计无压力降为合格。

当试验系统中有不锈钢波纹软管、覆塑铜管、铝塑复合管、橡胶软管时，在试验压力下的稳压时间不宜小于1 h。除对各密封点检查外，还应对外包覆层端面是否有渗漏现象进行检查。

**2** 中压及以上压力管道系统

试验压力应为设计压力且不得低于0.1 MPa，在试验压力下，稳压不得少于2 h，用发泡剂检查全部连接点，无渗漏且压力计量装置无压力降为合格。

## 12.6 工程竣工验收

**12.6.1** 施工单位在工程竣工后，应先对天然气管道及设备进行外观检查和强度、严密性试验预试，合格后通知有关部门验收。新装工程应对全部装置进行检验；添、移、改装工程可仅对添、移、改装部分进行检验。

**12.6.2** 工程验收应包括下列内容：

**1** 管道与设备的施工应与设计相符。

**2** 外观质量，包括坡度、稳固性、覆土层厚度、合理性和美观等应符合要求。

**3** 管道和设备的强度、严密性试验应符合要求。

**4** 仪表的灵敏度和阀类启闭的灵活性应符合要求。

**5** 其他附属工程应符合技术要求。

**12.6.3** 工程验收应具有下列文件：

**1** 开工报告。

**2** 施工图和设计变更文件。

**3** 设备、制品和主要材料的合格或试验记录。

**4** 管道及附属设备的强度试验和严密性试验的记录。

**5** 管道及附属设备的外观检查记录。

**6** 焊接外观检查记录和超声波无损探伤检查、照相拍片记录。

**7** 防腐绝缘测试记录。

**8** 隐蔽工程验收记录。

**9** 质量事故处理记录。

**10** 分项、分部、单位工程质量检验评定记录。

**11** 工程竣工图和竣工报告。

**12** 工程整体验收记录。

**13** 其他应有文件。

# 附录 A　铜管和不锈钢软管单位长度摩擦阻力计算

**A.0.1**　铜管单位长度摩擦阻力计算应符合下列要求：

**1**　按低压天然气管道单位长度摩擦阻力损失计算公式(3.2.2)，计算出钢管的单位长度摩擦阻力损失。

**2**　将计算所得的值，按照《动力管道设计手册》所列的 $m$ 值进行修正，按下式计算，即得铜管的单位长度摩擦阻力损失。

$$m=\sqrt[4]{\frac{k'}{k}} \tag{A.0.1}$$

式中：$k'$——铜管的绝对粗糙度，取 0.01～0.05；

$k$——钢管的绝对粗糙度，取 0.1～0.2，输送天然气时 $k$ 取 0.1。

为确保供气安全，式(A.0.1)中 $k'$ 取 0.05，$k$ 取 0.15，铜管的单位长度摩擦阻力损失见表 A.0.1。

**表 A.0.1　铜管单位长度摩擦阻力损失**

| 用气设备名称 | 天然气流量 ($m^3$/h) | 单位长度摩擦阻力损失(Pa/m) | | |
|---|---|---|---|---|
| | | DN15 | DN20 | DN25 |
| 两眼灶 | 0.70 | 1.33 | 0.29 | 0.09 |
| 西式烤箱灶 | 1.43 | 5.44 | 1.23 | 0.39 |
| 8 L/min 热水器 | 1.76 | 8.25 | 1.86 | 0.59 |
| 10 L/min 热水器 | 2.20 | 12.88 | 2.91 | 0.92 |
| 13 L/min 热水器 | 2.86 | 21.76 | 4.92 | 1.55 |

**A.0.2** 不锈钢软管单位长度摩擦阻力损失可按下列方法进行计算：

1 不锈钢软管单位长度摩擦阻力损失可按图A.0.2查得。

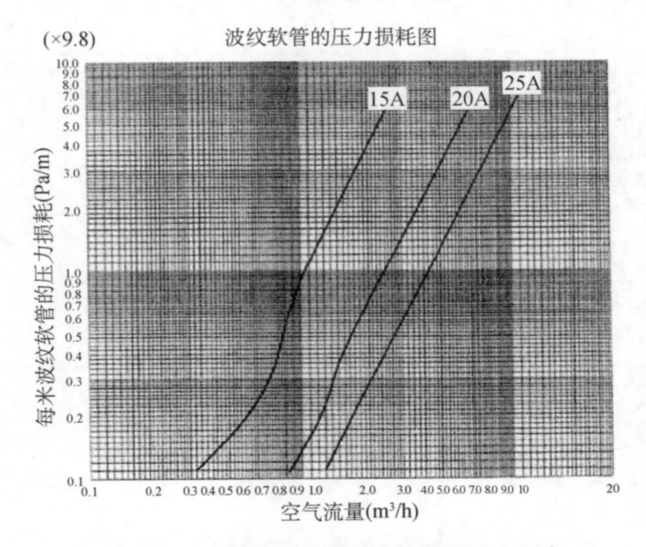


**图A.0.2 不锈钢软管单位长度摩擦阻力损失**

$$Q_{\mathrm{K}}=\sqrt{S}Q \tag{A.0.2}$$

式中：$Q_{\mathrm{K}}$——空气流量($m^3/h$)；

$S$——天然气相对密度，取0.62；

$Q$——天然气设计流量($m^3/h$)。

2 不锈钢软管单位长度摩擦阻力损失可按表A.0.2取值。

**表A.0.2 不锈钢软管单位长度摩擦阻力损失**

| 用气设备名称 | 天然气流量($m^3/h$) | 空气流量($m^3/h$) | 单位长度摩擦阻力损失(Pa/m) | | |
|---|---|---|---|---|---|
| | | | DN15 | DN20 | DN25 |
| 两眼灶 | 0.70 | 0.55 | 2.0 | — | — |
| 西式烤箱灶 | 1.43 | 1.13 | 12.0 | 1.7 | — |

续表A.0.2

| 用气设备名称 | 天然气流量 ($m^3$/h) | 空气流量 ($m^3$/h) | 单位长度摩擦阻力损失(Pa/m) | | |
|---|---|---|---|---|---|
| | | | DN15 | DN20 | DN25 |
| 8 L/min 热水器 | 1.76 | 1.39 | 17.5 | 2.8 | 1.3 |
| 10 L/min 热水器 | 2.20 | 1.73 | 26.0 | 5.0 | 2.0 |
| 13 L/min 热水器 | 2.86 | 2.25 | 44.0 | 8.2 | 3.2 |

注:上述阻力损失包括不锈钢软管安装时弯曲造成的损失。

# 附录B　两眼灶和热水器的同时工作系数及计算流量

表B　两眼灶和热水器的同时工作系数及计算流量 $Q_j$ ($m^3$/h)(天然气)

| 户数 | 燃气两眼灶(6.5 kW/具) | | 燃气两眼灶+燃气热水器 | | 户数 | 燃气两眼灶(6.5 kW/具) | | 燃气两眼灶+燃气热水器 | |
|---|---|---|---|---|---|---|---|---|---|
| $N$ | $K_i$ | $Q_j$ | $K_w$ | $Q_j$ | $N$ | $K_i$ | $Q_j$ | $K_w$ | $Q_j$ |
| 1 | 1.00 | 0.64 | 1.000 | 2.87 | 50 | 0.38 | 12.16 | 0.162 | 23.25 |
| 2 | 1.00 | 1.28 | 0.541 | 3.11 | 60 | 0.37 | 14.21 | 0.159 | 27.38 |
| 3 | 0.85 | 1.63 | 0.377 | 3.25 | 70 | 0.36 | 16.13 | 0.155 | 31.14 |
| 4 | 0.75 | 1.92 | 0.331 | 3.80 | 80 | 0.35 | 17.92 | 0.152 | 34.90 |
| 5 | 0.68 | 2.18 | 0.300 | 4.31 | 90 | 0.345 | 19.87 | 0.150 | 38.75 |
| 6 | 0.64 | 2.46 | 0.277 | 4.77 | 100 | 0.34 | 21.76 | 0.149 | 42.76 |
| 7 | 0.60 | 2.69 | 0.259 | 5.20 | 200 | 0.31 | 39.68 | 0.141 | 80.93 |
| 8 | 0.58 | 2.97 | 0.247 | 5.67 | 300 | 0.30 | 57.60 | 0.131 | 112.79 |
| 9 | 0.55 | 3.17 | 0.235 | 6.07 | 400 | 0.29 | 74.24 | 0.125 | 143.50 |
| 10 | 0.54 | 3.46 | 0.229 | 6.57 | 500 | 0.28 | 89.60 | 0.122 | 175.07 |
| 15 | 0.48 | 4.61 | 0.204 | 8.78 | 600 | 0.26 | 99.84 | 0.116 | 199.75 |
| 20 | 0.45 | 5.76 | 0.192 | 11.02 | 700 | 0.258 | 115.58 | 0.114 | 229.03 |
| 25 | 0.43 | 6.88 | 0.183 | 13.13 | 800 | 0.255 | 130.56 | 0.114 | 261.74 |
| 30 | 0.40 | 7.68 | 0.172 | 14.81 | ≥1 000 | — | — | 0.100 | — |
| 40 | 0.39 | 9.98 | 0.166 | 19.06 | | | | | |

注：表中“燃气两眼灶”是指一户居民安装1具两眼灶的同时工作系数；当一户居民安装2具单眼灶时，也可按本表内的数据计算。“燃气热水器”热负荷为22 kW/具(11 L/min)。

# 附录C　饮食业用户燃气具额定总流量、燃气具和燃气计量表配备及各类燃气具占总流量百分比

表C　饮食业用户燃气具额定总流量、燃气具和燃气计量表配备及各类燃气具占总流量百分比

| 餐厅面积 $S$ ($m^2$) | 用气设备额定总流量 ($m^3/h$) | 炒菜灶配套（约占总流量的50%） | | | | 大锅灶（约占总流量的25%） | | | 消毒灶（约占总流量的10%） | | 其他用气设备（约占总流量的15%） | 燃气计量表 ($m^3/h$) |
|---|---|---|---|---|---|---|---|---|---|---|---|---|
| | | $N_1=S/60$ | 13″炒菜灶（11″无搭） | 9″炒菜灶（6″有搭） | 汤锅（6″有搭） | $N_2=S/80$ | 13″有搭 | 11″有搭 | $N_3=S/200$ | 11″有搭 | | |
| 120 | 16 | 2 | 2 | 2 | 1 | 2 | 根据大锅灶尺寸配置 | | 1 | 1 | 15% | 16 |
| 180 | 21 | 3 | 3 | 3 | 2 | 3 | 1 | 1 | 1 | 1 | 15% | 16 |
| 240 | 26 | 4 | 4 | 4 | 2 | 3 | 1 | 1 | 2 | 2(9″) | 15% | 25 |
| 300 | 31 | 5 | 5 | 5 | 3 | 4 | 1 | 1 | 2 | 2 | 15% | 25 |
| 360 | 36 | 6 | 6 | 6 | 3 | 5 | 1 | 1 | 2 | 2 | 15% | 25 |
| 420 | 40 | 7 | 7 | 7 | 4 | 5 | 1 | 1 | 2 | 2 | 15% | 40 |
| 480 | 45 | 8 | 8 | 8 | 4 | 6 | 1 | 1 | 3 | 3 | 15% | 40 |
| 540 | 50 | 9 | 9 | 9 | 5 | 7 | 1 | 1 | 3 | 3 | 15% | 40 |
| 600 | 55 | 10 | 10 | 10 | 5 | 8 | 1 | 1 | 3 | 3 | 15% | 40 |
| 660 | 60 | 11 | 11 | 11 | 6 | 8 | 1 | 1 | 3 | 3 | 15% | 40 |

**续表C**

| 餐厅面积 $S$ ($m^2$) | 用气设备额定总流量 ($m^3/h$) | 炒菜灶配套（约占总流量的 50%） | | | | 大锅灶（约占总流量的 25%） | | | 消毒灶（约占总流量的10%） | | 其他用气设备（约占总流量的15%） | 燃气计量表 ($m^3/h$) |
|---|---|---|---|---|---|---|---|---|---|---|---|---|
| | | $N_1=S/60$ | 13″炒菜灶（11″无搭） | 9″炒菜灶（6″有搭） | 汤锅（6″有搭） | $N_2=S/80$ | 13″有搭 | 11″有搭 | $N_3=S/200$ | 11″有搭 | | |
| 720 | 64 | 12 | 12 | 12 | 6 | 9 | 1 | 1 | 4 | 4 | 15% | 65 |
| 780 | 69 | 13 | 13 | 13 | 7 | 9 | 1 | 1 | 4 | 4 | 15% | 65 |
| 840 | 74 | 14 | 14 | 14 | 7 | 10 | 1 | 1 | 4 | 4 | 15% | 65 |
| 900 | 79 | 15 | 15 | 15 | 8 | 11 | 1 | 1 | 4 | 4 | 15% | 65 |
| 960 | 83 | 16 | 16 | 16 | 8 | 12 | 1 | 1 | 5 | 5 | 15% | 65 |
| 1020 | 88 | 17 | 17 | 17 | 9 | 13 | — | — | 5 | 5 | 15% | 65 |

注：1 炒菜灶配套由炒菜灶、炮台、汤锅组成。其中，炮台应根据饮食业的经营特色来配置相应的数量；当炒菜灶套数为奇数时，汤锅的数量应进为整数计算，如 3 套炒菜灶应配 2 只汤锅。

2 燃气具的配备可根据饮食店的操作习惯进行适当调整。如，使用蒸饭灶则相应减少大锅灶；配备烧水器用于洗涤消毒，则相应减少消毒灶。

3 燃气具的配备可根据供应品种等因素配置适当的特种燃气具，如烤鸭炉、烘箱、砂锅灶、火锅等。

4 供应面食、点心的饮食店可根据点心的品种、数量配置相适应的燃气具，如蒸灶、煎饼灶、面锅、风车炉等，并相应减少炒菜灶的设备。

5 可适当配置供应茶水、保暖等燃气具。

6 如有外卖食品，可酌情增配相适应的燃气设备。

7 当 $N_1$ 出现小数时，应进为整数计算。例如，当 $S=150$ 时，$N=150/60=2.5$，应取 3。

8 当餐厅面积小于上表所列数字时，燃气具额定总流量仍可按计算式配备，各类燃气具应按需要合理配置。当餐厅面积大于上表所列数字时，仍可按燃气具配备计算方式进行配置。

# 本标准用词说明

**1** 为便于在执行本标准条文时区别对待，对要求严格程度不同的用词说明如下：

**1**）表示很严格，非这样做不可的用词：
正面词采用“必须”；
反面词采用“严禁”。

**2**）表示严格，在正常情况下均应这样做的用词：
正面词采用“应”；
反面词采用“不应”或“不得”。

**3**）表示允许稍有选择，在条件许可时首先应这样做的用词：
正面词采用“宜”；
反面词采用“不宜”。

**4**）表示有选择，在一定条件下可以这样做的用词，采用“可”。

**2** 条文中指明应按其他有关标准执行时的写法为“应符合……的规定（或要求）”或“应按……执行”。

# 引用标准名录

1 《低压流体输送用焊接钢管》GB/T 3091
2 《声环境质量标准》GB 3096
3 《卡套式管接头》GB/T 3737～3765
4 《工业企业煤气安全规程》GB 6222
5 《55°密封管螺纹　第2部分:圆锥内螺纹与圆锥外螺纹》GB/T 7306.2
6 《输送流体用无缝钢管》GB/T 8163
7 《石油天然气工业　管线输送系统用钢管》GB/T 9711
8 《焊缝无损检测　超声检测技术、检测等级和评定》GB/T 11345
9 《无损检测　金属管道熔化焊环向对接接头射线》GB/T 12605
10 《水及燃气用球墨铸铁管、管件和附件》GB/T 13295
11 《燃气用埋地聚乙烯(PE)管道系统　第1部分:管材》GB/T 15558.1
12 《燃气用埋地聚乙烯(PE)管道系统　第2部分:管件》GB/T 15558.2
13 《无缝钢管尺寸、外形、重量及允许偏差》GB/T 17395
14 《无缝铜水管和铜气管》GB/T 18033
15 《埋地钢质管道阴极保护技术规范》GB/T 21448
16 《焊接钢管尺寸及单位长度重量》GB/T 21835
17 《燃气输送用不锈钢波纹软管及管件》GB/T 26002
18 《城镇燃气调压箱》GB 27791
19 《管道工程用无缝及焊接钢管尺寸选用规定》GB/T 28708

**20** 《建筑设计防火规范》GB 50016

**21** 《城镇燃气设计规范》GB 50028

**22** 《锅炉房设计标准》GB 50041

**23** 《建筑物防雷设计规范》GB 50057

**24** 《爆炸危险环境电力装置设计规范》GB 50058

**25** 《现场设备、工业管道焊接工程施工规范》GB 50236

**26** 《输气管道工程设计规范》GB 50251

**27** 《现场设备、工业管道焊接工程施工质量验收规范》GB 50683

**28** 《城市综合管廊工程技术规范》GB 50838

**29** 《家用燃气燃烧器具安装及验收规程》CJJ 12

**30** 《聚乙烯燃气管道工程技术标准》CJJ 63

**31** 《化工企业静电接地设计规程》HG/T 20675

**32** 《补强圈》JB/T 4736

**33** 《涂装前钢材表面处理规范》SY/T 0407

**34** 《普通流体输送管道用埋弧焊钢管》SY/T 5037

**35** 《塑覆铜管》YS/T 451

**36** 《燃气直燃型吸收式冷热水机组工程技术规程》DGJ 08—74

**37** 《燃气燃烧器具安全和环保技术要求》DB31/T 300

上海市工程建设规范

# 城镇天然气管道工程技术标准

DG/TJ 08—10—2022
J 10472—2022

## 条文说明

2023　上海

# 目　次

# Contents

# 1 总 则

**1.0.1** 由于本市城市燃气事业发展迅速，人工煤气已退出历史舞台。随着新材料、新工艺的应用，2004 年修编的《城市煤气、天然气管道工程技术规程》部分内容已不能适应本市燃气工程的建设需要，故对原规程进行修编，命名为《城镇天然气管道工程技术标准》。

**1.0.3** 城镇天然气的供应压力按本市城镇发展规划的规定，城市中心城区（四级地区）为小于等于 1.6 MPa。这一级制符合现行国家标准《城镇燃气设计规范》GB 50028 中次高压、中压、低压压力级制的规定。考虑提高低压管道供气系统的经济性和为高层建筑低压管道供气解决高程差的附加压头问题，对低压压力级制进行了调整。

压力大于 1.6 MPa 的天然气管道工程不在本标准适用范围内，应按现行上海市工程建设规范《城镇高压、超高压天然气管道工程技术规程》DGJ 08—102 执行。

# 3 计 算

## 3.1 用气量计算

**3.1.2** 关于两眼灶及热水器同时工作系数的确定：

**1** 原上海市煤气公司曾于1964年和1978年两次通过较大范围的实际测定，并用数理统计方法得出额定流量为2 $m^3$/具·h（折算成天然气0.87 $m^3$/具·h）的两眼灶同时工作系数。由于目前两眼灶的额定流量已改为1.6 $m^3$/具·h（折算成天然气0.7 $m^3$/具·h），故在原有基础上仍用数理统计方法予以比较，得出的结论是：额定流量为1.6 $m^3$/具·h的同时工作系数较额定流量为2 $m^3$/具·h的同时工作系数稍大，这是符合实际输配工况的，故沿用原有的同时工作系数。

**2** 热水器的同时工作系数是根据热水器热负荷为8.1 kW/具的同时工作系数，结合本市热水器热负荷为22 kW/具(11 L/min)进行换算后得出本标准附录B的同时工作系数及计算流量表。

其他热负荷的热水器均以热负荷8.1 kW/具热水器的系数按此值换算，因此，各种热负荷热水器虽然同时工作系数不同，但从2户开始，1具两眼灶和1具热负荷为22 kW/具热水器的计算流量相同，故表中1具两眼灶和1具热水器中列出一种计算流量。

## 3.2 管道计算

**3.2.1** 本条系参照国家标准《城镇燃气设计规范》GB 50028—2006第6.2.6条编制。

**3.2.2** 压降按本标准式(3.2.2)计算，与本标准式(3.2.1-1)计算比较，在2.3 kPa 及以下时，正偏差在7.8%以内；在5 kPa 时，正偏差在10.6%以内；在 10 kPa 时，正偏差在 15.8%以内。显然，在 5 kPa～10 kPa 时使用式(3.2.2)计算，精度不符合要求。式(3.2.2)由式(3.2.1-1)推导并简化而来，方便手工计算。在目前计算机普及的情况下，对式(3.2.2)的应用范围作出严格限制是必须且可行的。

**3.2.3** 对于室外埋地天然气管道的局部阻力损失，现行国家标准《城镇燃气设计规范》GB 50028 的规定为按管道长度摩擦阻力的5%～10%计算，本条采用10%是根据上海多年来的经验确定的。

**3.2.4** 地上低压天然气管道的局部阻力损失按本标准式(3.2.4-1)和式(3.2.4-2)及表 3.2.4 进行计算甚为繁复。在实际使用中，为简化计算，只要已知管段流量和各种管件的局部阻力系数总和，利用表 1 即可简便计算出每段管段的局部阻力。

**表 1　$\zeta=1$ 时不同管径的局部阻力(Pa)**

| 管径(mm) | 15 | 20 | 25 | 32 | 40 | 50 |
|---|---|---|---|---|---|---|
| 局部阻力 | $0.089Q^2$ | $0.028Q^2$ | $0.0116Q^2$ | $0.0043Q^2$ | $0.00217Q^2$ | $72.3\times10^{-5}Q^2$ |
| 管径(mm) | 80 | 100 | 150 | 200 | 250 | 300 |
| 局部阻力 | $14.3\times10^{-5}Q^2$ | $45.2\times10^{-6}Q^2$ | $8.9\times10^{-6}Q^2$ | $2.83\times10^{-6}Q^2$ | $11.57\times10^{-7}Q^2$ | $5.58\times10^{-7}Q^2$ |

**3.2.5** 天然气的容重与空气不同，天然气比空气轻，当有高程差时，会产生附加压力。多层建筑由于高度不太高，附加压力的影响不大，且天然气用具的额定压力允许有一定的波动幅度，因此一般可忽略考虑。然而对高层建筑则不同，天然气燃烧器前的天然气压力不能超过一定数值，否则会使天然气不完全燃烧而影响燃烧效果，甚至会发生离焰和脱火现象。因此，本条规定，当管道有高程差时，应按公式计算附加压力。

## 3.3 调压器流量校核

**3.3.2** 调压器的通过能力与调压器进(出)口压力、通过的天然气的相对密度、进口天然气温度、阀系数等因素有关,具体应根据各调压器生产厂商提供的产品说明书进行计算,此处只给出调压器通过能力校核的计算公式。

# 4 地下天然气管道

## 4.1 管道的平面布设

**4.1.1** 城镇道路上，除了有通信电缆、电力电缆、照明电缆沟外，还有雨水、污水、给水、热力等管道的管沟，为了安全，天然气管道不宜与其他管道在同一管沟内敷设。确需同沟敷设时，必须采取确保安全的防护措施。如，管沟内填砂以消除存气积贮空间；设置天然气报警控制系统，加强通风换气；与电气采取隔绝措施等。

在高压电力走廊下，天然气管道不得与之并行埋设，因天然气万一泄漏或施工操作时气体逸出上升，与高压架空线的火花接触将发生危险。但局部垂直穿越不在本条规定之列。

**4.1.2** 本条是按照《上海市管线工程规划管理办法》规定的在城镇道路上的埋管位置执行。如果在公路范围内埋管，则应遵守交通运输部颁布的有关规定。

沿河滨道路、轨道交通、铁路等的道路大都为单侧建筑，故靠建筑物一边可减少过路次数。

重要道路或道路宽度在 30 m 以上的，采取在道路两侧各敷设一根天然气干管，这是一种减少因接出支管引起的车道过多挖掘的措施。地下管道采取两侧敷设，对维护和提高路面的使用期限以及改善交通条件和交通管理都有很大意义。但最终确定还需考虑其经济性。

**4.1.3** 城镇新建区域内管道的敷设应与道路的轴线平行，以便其他管线能按规划管位各就各位；在旧城镇内也应尽量与道路轴线平行敷设。管道与其他管线或附属设施上下重叠会使各方在检修时发生困难，甚至造成损坏，因此应避免。

**4.1.4** 天然气系易燃、易爆气体，若敷设在主要干道及重要设施如机场、车站、码头、隧道出入口附近，一旦发生事故，将造成较大损失和影响。

**4.1.5** 地下天然气管道与建筑物及其他管线最小水平净距的规定依据如下：

**1** 地下天然气管道与建筑物的距离是参照国内外的有关规范及长期以来本市的实际经验所作的规定，这一规定较国内外规范的规定更严，主要是考虑本市的建筑物密度较大（次高压 A 与次高压 B 有相当大的差别，所以次高压 A 采用国家标准《城镇燃气设计规范》GB 50028—2006 中距建筑物 13.5 m 的净距要求）。

**2** 聚乙烯管道已用于中、低压天然气管道。中压聚乙烯管道参照中压部分，低压聚乙烯管道参照低压部分。低压聚乙烯天然气管道距建筑物外墙面水平距离较金属管道近的原因主要是聚乙烯管道均敷设在小区街坊内。其依据为：

**1）** 聚乙烯天然气管道的接口系热熔连接，管件与管道材质融为一体较金属管道接口泄漏天然气的可能性大大减小。

**2）** 聚乙烯天然气管道的耐腐蚀性能大大优于金属管道，从而减小天然气泄漏的可能性。

**3）** 聚乙烯管道为柔性管道，受重压后变形不至于像金属管道容易断裂。

**4）** 聚乙烯管道靠近建筑物外墙面，既可避开雨、污水窨井的阻隔，减少迂回，节约材料，又因建筑物外墙边一般均为绿化地带，可避免外力破坏。

**3** 雨水管、污水管、给水管、通信电缆、电力电缆的间距系参照《上海市管线工程规划管理办法》的规定。

**4** 距树木（树干中心）的距离根据《上海市植树造林绿化管理条例》的规定执行。

**5** 距铁路路堤坡脚的距离系参照现行行业标准《铁路给水

排水设计规范》TB 10010 的规定。

**6** 聚乙烯管道与热力管的间距参照行业标准《聚乙烯燃气管道工程技术标准》CJJ 63—2018 第 4.3.2 条。

有效的防护措施是指：

**1）** 增加管壁厚度，钢管可按表 4.4.2-1 酌情增加，但次高压 A 管道与建筑物外墙面为 3 m 时，管壁厚度不应小于 11.9 mm；对于聚乙烯管可不采取增加厚度的办法。

**2）** 提高防腐等级。

**3）** 减少接口数量。

**4）** 加强检验(100%无损探伤)等。

以上措施根据管材不同可酌情采用。

## 4.2 管道的纵断面布设

**4.2.1** 地下天然气管道的埋设深度系参照现行国家标准《城镇燃气设计规范》GB 50028 并结合本市的实际予以规定。其中，引入管的深度规定为 0.4 m，是因为警示带在管道上方 0.3 m 且在建筑物外墙面处，一般可以不影响住宅外砌筑排水明沟结构所需深度 0.20 m～0.25 m 的要求。由于目前小区内机动车停车位紧张，很多楼前设置为停车位，且引入管跨度增加，导致引入管上方不仅仅是绿化带，所以绿化带下的引入管埋深定为 0.4 m。

**4.2.2** 管线交叉埋设应根据道路结构、标高、管线的技术要求以及其他管线交叉的相对位置等因素确定。本标准对地下金属天然气管道和其他地下管线交叉时的最小垂直净距与现行国家标准《城镇燃气设计规范》GB 50028 的规定一致。

**4.2.3** 本条系参照行业标准《聚乙烯燃气管道工程技术标准》CJJ 63—2018 第 4.3.2 条编制。

**4.2.4** 埋设深度无法达到本标准第 4.2.1 条的要求时，需采取有效安全措施是为了防止地面上的载荷对管道造成损伤。

## 4.3 引入管

**4.3.1** 因原人工煤气引入管最小管径为DN32，现置换为天然气后引入管口径也一直沿用原来的口径。因此，天然气管道引入管口径改为不小于DN32。当引入管所供应的用户较多时，应按计算确定。

## 4.4 管材、管件及附属设备

**4.4.1** 本条规定了天然气管道的管材要求，国家及行业相关规范中对天然气管道管材的要求较多，本条仅列出管材必须符合的规范。本条与现行国家标准《城镇燃气设计规范》GB 50028及现行行业标准《聚乙烯燃气管道工程技术标准》CJJ 63的规定一致。本条还列出了铸铁管必须符合的规范，铸铁管目前仅在原铸铁管的维、抢修项目中使用。

**4.4.2～4.4.4** 此3条规定的钢管计算壁厚的公式、强度设计系数、弯头或弯管壁厚计算公式与现行国家标准《城镇燃气设计规范》GB 50028及现行上海市工程建设规范《城镇高压、超高压天然气管道工程技术规程》DGJ 08—102等规范的规定一致。城镇地区等级划分及强度设计系数的确定见现行国家标准《城镇燃气设计规范》GB 50028的有关规定。

**4.4.5** 本条规定与现行国家标准《城镇燃气设计规范》GB 50028的规定一致。

**4.4.9** 本条规定与现行行业标准《聚乙烯燃气管道工程技术标准》CJJ 63的规定一致。

**4.4.11** 本条规定了阀门的设置要求。

**1** 其中，次高压和中压天然气干管采用架空形式时，由架空转入地下后，阀门不应设置在靠近河流的两侧，应设置在距离河流一定长度的地方，其长度应按埋设深度、土壤与管内气体的温差以及土壤对管壁的摩擦力等因素计算确定，应使土壤对管壁的摩擦力大于因土壤与管内气体的温度差而产生的热补偿，以保护阀门旁的补偿器不受破坏。

国家标准《城镇燃气设计规范》GB 50028—2006 中规定“当通向调压站的支管阀门距调压站小于 100 m 时，室外支管阀门与调压站进口阀门可合并为一个”。因此，规定当长度大于 100 m 时，通向调压站的室外进口管道上应设置阀门。

**3** 考虑到大于或等于 DN300 的次高压和中压天然气干管内的气量较多，阀门关闭后需由放散管排净管内剩余气体。

## 4.5 管道的穿(跨)越

本节系参照现行国家标准《城镇燃气设计规范》GB 50028 及现行上海市工程建设规范《城镇高压、超高压天然气管道工程技术规程》DGJ 08—102 编制。

## 4.6 天然气管廊

**4.6.1** 本条对综合管廊天然气管道建设与规划衔接提出了具体要求。由于综合管廊天然气管道、设备建设后，不应轻易更改，应有经过全面系统考虑过的综合管廊天然气管道建设规划作为指导，使当前建设不至于盲目进行，避免今后的不合理或浪费，故提出此条要求。

**4.6.2** 国家标准《城市综合管廊工程技术规范》GB 50838—2015 第 4.3.4 条规定“天然气管道应在独立舱室内敷设”。为提高综合管廊内天然气管道安全，故提出本条，与现行国家标准一致。

**4.6.3** 天然气管道敷设在管廊内虽然相对安全，但鉴于天然气易燃易爆的特性和管廊互为连通且较为密闭的空间情况，一旦发生泄漏事故，易窜入相邻的其他建（构）筑物内，造成更大的影响。为确保人员密集的重要公共设施的安全，含天然气管道舱的综合管廊不得与其他建（构）筑物合建。

目前，城市地下综合管廊施工常用的方式为现场浇筑和工厂预制现场拼装两种。现场浇筑一般不大于 30 m 设置 1 处变形缝；工厂预制现场拼装由于受到现场施工场地和吊装车辆起重量的限制，3 舱以上管廊一般 2 m～3 m 设置 1 处变形缝，与现场浇筑相比，天然气泄漏后窜入邻近舱室的概率显著增大。此外，在天然气管道舱室发生爆炸事故的极端状态下，设在其他舱室上部的天然气管道舱室造成次生灾害的损失应该远小于设在中间或下部。

**4.6.4** 当管廊内的天然气管道为环状供气时，天然气可能由廊内管道供出，也可能由廊外管道供入。为保证在发生事故时能够实现将廊内天然气管道与廊外管道完全切断，把事故影响控制到最低程度，故提出本条。

**4.6.5** 综合管廊建设、运行、管理费用较高，综合考虑管道敷设的经济性，规定低压天然气管道不应入廊。天然气管道敷设在管廊内只是管道的一种敷设方式，管道的敷设要求还应符合现行国家标准《城镇燃气设计规范》GB 50028 的相关规定。

**4.6.6** 为保证廊内敷设天然气管道的安全性，本条提出钢管应采用无缝钢管。

**4.6.7** 为尽可能缩小天然气管道停气后对用气区域的影响，需要在天然气管道上设置分段阀门。本条不仅提出了分段阀门的设置形式，也对阀门的结构及控制提出要求。

**4.6.8** 为满足舱内天然气管道沿线道路两侧天然气用户的需求，管道沿线会根据需要引出支管接至用户。为保证穿越道路燃气支管初次安装、抢修以及更换时不破坏道路路面，本条提出穿越道路的支状管道应敷设在套管、支廊或管沟中。同时，当支管或用户侧发生事故时，为不影响舱内天然气管道的正常运行，要求支状管道阀门应在舱外设置。与现行国家标准《城市综合管廊工程技术规范》GB 50838 的规定一致。

**4.6.9** 天然气过滤装置需要定期清洗滤芯，计量装置需要定期标定，而在设备的拆卸过程中会有少量天然气泄漏，存在安全隐患，而且过滤、调压、计量设施多为法兰接口，接口处也易泄漏天然气，存在安全隐患。因此，提出本条要求。

**4.6.10** 管廊内部环境受季节影响，会出现较为潮湿的情况，尤其是在夏季。为保证天然气管道长期安全运行，提出了管道外防腐的要求。在本标准编制过程中，课题组专题考察了上海 1994 年投运的张杨路综合管廊，通过综合管廊管理部门的介绍和实地考察发现，张杨路管廊的天然气管道外防腐为 3 层外防腐漆，至今保护良好。

**4.6.11** 国家标准《城镇燃气技术规范》GB 50494—2009 第 6.2.10 条规定"新建的设计压力大于 0.4 MPa 的埋地钢质燃气管道以及公称直径大于或等于 100 mm，且设计压力大于或等于0.01 MPa的埋地燃气管道必须采取外防腐层辅以阴极保护系统的腐蚀控制措施"，而管廊内天然气钢质管道因不存在电化学腐蚀的条件，无须在采取外防腐层的基础上再增加阴极保护。为避免舱外埋地敷设钢质天然气管道阴极保护系统电流的流失，故提出设置绝缘装置的要求。

**4.6.12** 为提高廊内敷设天然气管道的安全性，本条提出强度设计系数 $F$ 按 0.3 选取。

**4.6.13** 本条规定的目的是遵循本质安全性设计。天然气管廊是一个特殊的地下封闭空间，危险程度较高，一旦发生事故，次生灾害造成的损失巨大，故要求设备和管道组成件具有非常高的安全性和可靠性。与现行国家标准《城市综合管廊工程技术规范》GB 50838 的规定一致。

**4.6.14** 本条系为提高管廊内天然气管道系统的安全性而提出的要求。

**4.6.15** 本条提出的净距只是考虑了操作及检修的最基本要求，设计时还需考虑现场焊接的要求。

**4.6.16** 管廊内的天然气管道应根据荷载、内压以及环境温度变化等因素进行应力分析，以保证管道承受的应力小于管材本身的许用应力。宜利用天然气管道随着管廊平面走向和敷设高度变化形成的自然弯曲所具有的弹性来解决管道应力集中问题；当自然补偿不能满足要求时，宜选用方形补偿器。方形补偿器是最常用的一种补偿器，具有如下优点：①制造简单，常用钢管煨制；②安装方便，可以水平安装，也可以垂直安装；③轴向推力较小；④补偿能力大，运行可靠、方便，不需要经常维修，使用期限长；⑤不需要设置管道检修平台或检查室；⑥适用范围广，可以适用任何工作压力及任何介质管道。

**4.6.18** 综合管廊埋于地下，在地下水位较高的地区，管廊拼接处或伸缩缝处会有渗水现象，廊内地面易潮湿或有积水。为保证廊内管道具有良好的敷设环境，宜采用架空敷设。此外，为防止管廊进出口雨水倒灌，廊内积水造成管道漂浮，导致管道应力集中处破损漏气，故要求在采用低支墩或低支架时，支墩或支架的设计宜同时满足管道抗浮的要求。

**4.6.20** 建(构)筑物新建完成后会产生一定的沉降，尤其是地质勘察报告不准确、管廊基础及管廊整体设计刚度不足、施工验槽不认真、基础施工前地基土扰动等因素，都会引起管廊建成后产生不均匀沉降。为防止管道穿越廊外壁处受廊体不均匀沉降影响而造成局部变形甚至拉裂，最终导致天然气泄漏，故提出本条要求。根据上海市张杨路综合管廊的实地考察发现，管廊内天然气管道损坏最严重的部位是天然气管道支管进出天然气舱室处，由于管廊内天然气主干管道与出管廊支管位移不一致，造成了支线管道的变形，甚至破坏。天然气管道进出舱室部位应采取有效的补偿措施。

**4.6.21** 本条对天然气管道进、出管廊和穿过防火隔墙的做法提出要求。

**1** 天然气管道应敷设于套管中是为了防止当管廊沉降时压坏天然气管道局部，以及在管道大修时便于抽换管道。套管内径应大于输气管外径 100 mm 以上的规定等，是结合施工经验而定的，套管与天然气管道之间的间隙应采用难燃密封性能良好的柔性防腐、防水材料填实是为了防止燃气管道漏气时沿套管扩散而发生事故。

**2** 套管内的天然气管道泄漏后不易察觉，故为保证安全，不宜有焊接接头。

**4.6.22** 当管廊内天然气管道发生泄漏时，为尽快排出舱内天然气，在两个截断阀门之间或一个切断片区单元内应设置放散管。同时，为便于人员操作，放散管的阀门应设置在管廊外。

**4.6.23** 本条对放散管道的设置提出要求。参照国家标准《输气管道工程设计规范》GB 50251—2015 第 3.4.7 条第 3 款的规定，放散的目的是快速完成系统降压、置换、维修、恢复正常运行，尽可能减少停止供气时间。

**1** 对放散管径的要求是为了在发生天然气泄漏、关闭进出廊管道阀门和分段阀门的情况下，能够尽快排出管道内的气体。

**2** 管道不应缩径是为了保证放散时的通畅性。

**4** 放散管放散阀前应装设取样阀和管帽是为了检测廊内天然气管道中的天然气。

# 5 地上天然气管道

## 5.1 一般规定

**5.1.2** 涂覆镀锌钢管是以热镀锌钢管为基管，外表面具有双组分环氧涂覆层的天然气管，既有镀锌钢管优良的机械性能和耐氧化能力，又有环氧防腐漆的耐腐蚀性，适用于潮湿、酸碱等恶劣环境。涂覆镀锌钢管应符合现行行业标准《宽边管件连接涂覆燃气管道技术规程》CGAS 001 的有关规定，涂覆镀锌钢管的修补材料应采用与管体相同的双组分环氧涂料或符合现行行业标准《富锌底漆》HG/T 3668 要求的含环氧成分富锌底漆。

**3** 密闭房间的低压管道应采用无缝钢管或焊接钢管，与计量表具和用气设备连接处除外。

**5.1.4** 补偿措施可采用设置 2 个或以上 90°弯管、设置补偿器的方法，其补偿量应满足不均匀沉降量或伸缩量的要求。

## 5.2 室外架空管道

**5.2.1** 本条的规定是为了保证供气的安全和可靠性。其中第 1 款第 2 项中不应敷设天然气管道的房间可见本标准第 5.3.2 条。有效的安全防护措施是指：

**1** 天然气管道通过房间门、窗洞口时采用没有接口的整管。

**2** 天然气管道外面设置套管。

**3** 天然气管道采用焊接连接，并加强检验（100%）无损探伤等。

**5.2.3** 本条系参照国家标准《工业企业煤气安全规程》GB 6222—

2005 第 6.2.1.3 条表 2 编制。

**5.2.8** 本条系参照现行国家标准《城镇燃气设计规范》GB 50028 编制。天然气应用设计时要考虑防雷、防静电的安全接地问题，其工艺设计应严格按照防雷、防静电的有关规范执行。

## 5.3 进户管

**5.3.2** 本条规定了进户管不得设置的场所。

**1** 原规范规定进户管不得设置在地下室和半地下室，随着天然气锅炉和溴化锂机组的推广应用，天然气管道可以由侧墙直接进入地下室或半地下室，但必须设置天然气报警控制系统。

**3** 天然气管道离开门、窗洞口的净距在本标准第 5.2.1 条中已明确，此处规定进户管与进风口的净距要求。

## 5.4 室内天然气管道

**5.4.1** 本条的规定与现行国家标准《建筑设计防火规范》GB 50016 一致。本条规定允许天然气管道进入居民住宅未封闭的楼梯间，但为防止管道意外损伤发生泄漏，要求采用钢管。为防止天然气因该部分管道破坏而引发较大火灾，应设置可切断气源的阀门。另外，管道的布置与安装位置，应注意避免人员通过楼梯间时与管道发生碰撞。有关设计还应符合现行国家标准《城镇燃气设计规范》GB 50028 的有关规定。其他建筑的楼梯间内不允许敷设天然气管道。

**5.4.3** 本条系参照现行国家标准《城镇燃气设计规范》GB 50028—2006 第 10.2.27 条第 1 款编制。本条规定是为了保证用气安全，一旦发生事故能将损失降低到最低。

**5.4.4** 本条对天然气管道设置在管道井内的技术措施作出了规定。

**4** 本款规定与现行国家标准《建筑设计防火规范》GB 50016一致。建筑中的管道井是烟火竖向蔓延的通道，需采取在每层楼板处用相当于楼板耐火极限的不燃材料等防火措施分隔。实际工程中，每层分隔对于检修影响不大，却能提高建筑的消防安全性能。因此，要求管道井应在每层进行防火分隔。

**5.4.6** 本条系参照现行国家标准《城镇燃气设计规范》GB 50028编制。

**5.4.9** 本条系参照现行国家标准《城镇燃气设计规范》GB 50028编制。

**5.4.10** 本条规定了天然气管道敷设在地下室和地上密闭房间时的技术要求。

**3** 本款规定的目的是及时检测到可燃气体泄漏，可有效避免爆炸事故的发生。现行国家标准《城镇燃气技术规范》GB 50494 规定“报警浓度不应高于可燃气体爆炸极限下限的20%”，本条规定与其一致。

**5** 手动放散阀供置换放散时操作，放散结束后应关闭。

**5.4.12** 天然气的容重与空气不同，天然气比空气轻，当有高程差时会产生附加压力。多层建筑由于高度不太高，附加压力的影响不大，且天然气用具的额定压力允许有一定的波动幅度，因此一般可忽略。然而对高层建筑则不同，用气设备燃烧器前天然气压力不能超过一定数值，否则会使天然气不完全燃烧而影响燃烧效果，甚至会发生离焰和脱火现象。低压民用天然气具的额定压力 $P_n$ 为 2 000 Pa，允许压力波动范围为 $0.75P_n \sim 1.5P_n$，即 1 500 Pa～3 000 Pa。

影响灶前压力因素有多种：调压器出口压力、附加压头、计算流量、管径等，且上海各销售公司的中-低压调压器出口压力大多为 2 300 Pa，个别为 2 500 Pa，用户用气设备前压力可按下式计算：

$$P = P_1 - \Delta P_1 - \mathrm{P}_2 + P_f \tag{1}$$

式中：$P$ ——用户用气设备前压力(Pa)；

$P_1$ ——调压站出口压力(Pa)；

$\Delta P_1$ ——干管及引入管压力降(Pa)；

$\Delta P_2$ ——室内立管至用气设备前压力降(Pa)；

$P_f$ ——高程附加压力(Pa)。

当高层用户用气设备前压力超过 3 000 Pa 时，必须采取降低附加压力影响的措施。

降低附加压力影响的措施可采用下列几种方法：

1）通过管道水力计算，增加管道阻力。

改变天然气立管的管径或在天然气立管上增设截流阀。这种方法的优点是简便、经济、易操作。缺点是当顶层有极少数用户用气时，其附加压力几乎没有减少。同时，管内流量随用户用气量的多少而变化，流量的变化使立管的阻力也随之变化，造成用户灶前压力的波动。

2）在天然气立管上设置低-低压调压器(图 1)。

此种方法比较可行，它可以使灶前压力稳定在额定工作压力范围内。其缺点是当低-低压调压器出现故障时，其后的用户将受影响。使用此法需加强检修力量。

3）在立管的横支管上设置低-低压调压器(图 2)。

此种方法最为行之有效，特别是对商办楼跳跃式的用气楼面最为适宜。新锦江大酒店及金贸大厦的天然气管道设计即采用此法。金贸大厦的用气点在 53、54、55、56、86、87 等层，低-低压调压器即设在上述各层分支管处。这种设置方式对于大型公共建筑来说，投资不大却可充分保证灶前压力稳定，也有利于各个系统的分别控制。

对于住宅大楼，因每层都有用户，采用此法投资较大，设备的安装空间和检修都有困难，故住宅大楼以采用第 2)种方法为宜。

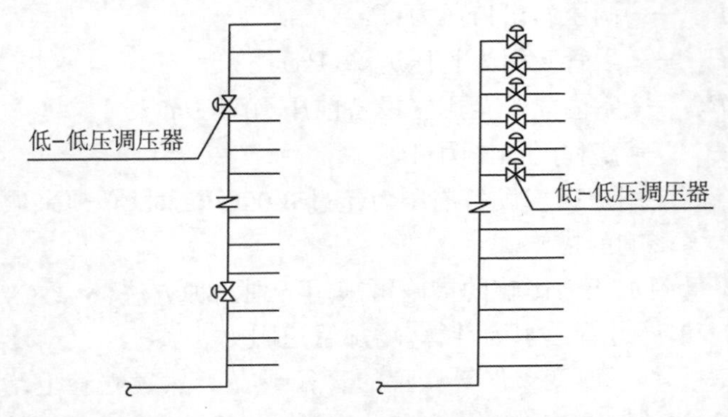


**图 1　在立管上设置低-低压调压器**　**图 2　在立管的横支管上设置低-低压调压器**

**5.4.13**　考虑到穿越楼板或墙体处管道易腐蚀，故要求加强防腐措施，如缠绕防腐胶带、增加 3PE 热收缩套、喷涂环氧粉末等。

## 5.5　室内天然气管道暗埋与暗封

**5.5.1**　本标准第 5.4.1 条规定室内天然气管道宜明敷，目的是便于检修。但随着人民生活水平的提高，在装修中为了美观，管道暗埋已变成了客观普遍需求。结合用户的实际需求，室内天然气管道可以暗埋，但考虑管道系统的安全性，中压室内天然气管道不应暗埋。

**5.5.2，5.5.3**　此 2 条规定暗埋天然气管道不得破坏建筑结构。对覆盖层厚度不足问题，可在天然气管道敷设后在管道沿线部位将覆盖层加厚至 20 mm。

**5.5.7**　暗埋管道可敷设在墙内，为保证其不发生天然气泄漏事故，暗埋管道应为整根管道。由于铜管和不锈钢软管可以任意弯曲，其成品的长度又较长，完全可实施无管道接头敷设，因此作出这一规定。

**5.5.12** 目前有大量老工房天然气管道改造项目，由于此类工房客观条件苛刻，为尽量减少对现有居民用户的影响，可以在进户后天然气表前少量使用软管，但新工房用户不建议表前使用软管。

# 6 居民生活用气

## 6.1 一般规定

**6.1.1** 本条系参照现行国家标准《城镇燃气设计规范》GB 50028 编制。目前居民生活用气设备都使用 5 kPa 以下的低压天然气，主要是为了安全。即使是中压进户（中压天然气进入厨房），也是通过调压器降至低压后再进入计量表和用气设备的。

**6.1.2** 用气设备一般均应设置在通风良好的厨房内，但考虑本市人口多，尚有一部分住房条件差。因此，对无厨房的居民住宅，允许设置在走廊、楼梯转角平台、天井或晒台搭建等处，但必须通风良好。

**6.1.3** 天然气是易燃、易爆气体，须严格防止接触火花。而电器设备在启闭时有火花迸出，为保证人身、财产安全，故应错位设置，并应保持一定距离。

**6.1.4～6.1.6** 此 3 条的规定是为了安全使用燃气。

**6.1.7** 居民住宅每户安装 1 具两眼灶和 1 具 10 L/min 热水器时，天然气采用 2.5 $m^3/h$ 的计量表即能满足用气要求，计量表的接口管径也只需 DN15 即可。但随着生活水平的提高，住宅套内建筑面积的大型化以及高级公寓的大量建造，燃气设备增多，有可能要求扩大计量表的供气能力，故本条规定将接口管径适当放大，以满足用户的不同需求。

立管上预留计量表接口高度是为了解决安装脱排油烟机所需。

户外天然气计量表是指安装在共用走廊内的嵌墙表及安装在别墅住宅室外的燃气计量表。为保护燃气计量表不被损坏，必须安装在铁箱内。

**6.1.8** 厨房的允许容积热负荷是指居民住宅的厨房内允许安装的无烟道的燃气用具的热负荷，可按下式计算：

$$q=\frac{V_{u}Q_{0}}{V}=\frac{100C_{max}Q_{0}}{C_{e}V_{y}}\cdot\frac{n}{1-e^{nt}} \tag{2}$$

式中：$q$ ——热负荷($kcal/hm^3$)；

$V_u$ ——燃气用具的燃气耗量($m^3/h$)；

$Q_0$ ——燃气低热值($kcal/hm^3$)；

$V$ ——房间体积($m^3$)；

$n$ ——房间换气次数(次/h)；

$C_{max}$ ——室内空气中一氧化碳在 $t$ 时间结束时的最高浓度，用体积比表示(%)；

$C_e$ ——未稀释的干废气中一氧化碳的浓度(过剩空气系数 $\alpha=1$ 时)，用%体积比×100 表示；

$V_y$ ——1 $m^3$ 燃气充分燃烧产生的干废气($\alpha=1$)，1 $m^3$ 取 2.99。

对于居民住宅中面积较小的厨房(面积为 3 $m^2$～4 $m^2$，体积为 7.5 $m^3$～10 $m^3$，换气次数为 2 次/h 或 3 次/h)，安装使用 1 台两眼灶时，一氧化碳的含量就可能超标。因此，当在厨房内再增加燃气快速热水器等其他燃气设备时，必须设置排风扇或其他有效的排烟装置。

**6.1.9** 本条规定是为了避免橡胶管脱落时大量燃气泄漏造成各种事故。

**6.1.10** 本条系参照现行上海市地方标准《燃气燃烧器具安全和环保技术要求》DB31/T 300 的有关规定编制。

## 6.2 天然气热水器

**6.2.1** 居民住宅内的浴室空间体积一般较小，通风换气条件较差，强制排气式热水器燃烧所需的空气取自热水器安装所在的空间，其燃烧烟气从热水器顶部经烟道排至室外。热水器燃烧需消耗室内大量氧气，1 $m^3$天然气燃烧时所消耗的氧气约为10 $m^3$，且沐浴人员呼吸亦需消耗氧气。虽然天然气中无一氧化碳成分，不致造成人员中毒，但往往由于缺氧而导致人员窒息。这种情况在冬季屡见不鲜，故强制排气式热水器严禁安装在浴室或卫生间内。

**6.2.2～6.2.6** 此几条系参照现行行业标准《家用燃气 燃烧器具安装及验收规程》CJJ 12的有关条文编制。

# 7 公共建筑用气

**7.0.1** 本条中的生活用气主要是指公共建筑中用于烹饪和供应热水以及实(化)验室用气,与本标准第 7.0.2 条的用气设备有所区别。

**7.0.3** 本条主要是为了保证安全,避免由于天然气泄漏或不完全燃烧而造成燃烧、爆炸、中毒事故。

**7.0.4** 本条是针对安装在地下室或半地下室的公共建筑用气设备采取的防火安全保护措施。通风次数参照现行国家标准《建筑设计防火规范》GB 50016 的有关规定。目前各用气单位实际设计的通风次数均高于本条规定。吊顶内无法满足通风要求而装置可燃气体探测器是参照日本东京的做法,但必须确保吊顶内每年检查 1 次,可燃气体探测器应每年检测 1 次。

# 8 工业企业生产用气

**8.0.1** 工业企业生产设备用气情况复杂，本条文提出不同用气设备确定用气量的三条原则，能满足生产实际需要。

**1** 定型天然气加热设备是指成熟的、成批生产的产品，其用气量是经过测试、鉴定后确定的，因此可以直接采用。

**2** 非定型天然气加热设备是指按工艺的特定需要设计的产品。其天然气用量是根据工艺产品的性质、产量等具体条件进行热平衡计算后确定的。但在新设备与现在相同类型设备的生产能力、规格、燃烧参数基本一致的情况下，该生产设备的用气量可以参照现有设备的用气量来确定。

**3** 当使用固体或液体燃料的加热设备改用气体燃料时，因燃烧方式和热效率不同，所以，气体燃料的耗气量应根据原使用燃料的实际耗量、热值、热效率等，按本标准公式(3.4.1)计算确定。

**8.0.2** 本条主要是便于日后对设备和管道进行维护保养，安全操作。

**8.0.3** 放散装置的作用主要是置换、吹扫新装天然气管道中的空气以及管道系统检修时将管道中的天然气排放到室外，以确保使用和操作维修时的安全。本条参照现行国家标准《工业企业煤气安全规程》GB 6222 的有关条文编制。

# 9 燃烧烟气的排除

**9.0.1** 为规范家用用气设备的安装和验收，保证用气设备安装工程质量和用气安全，用户选用的用气设备应符合国家的产品标准，且应有产品合格证、安装使用说明书和生产许可证。

**9.0.8** 现行行业标准《家用燃气燃烧器具安装及验收规程》CJJ 12 第4.6.13 条第 2 款提出："当烟囱水平方向 1.0 m 的范围内有建筑物屋檐时，烟囱应高出建筑物屋檐 0.6 m 以上。"本条规定与其一致。

**9.0.10** 现行行业标准《家用燃气燃烧器具安装及验收规程》CJJ 12第 4.6.12 条第 3 款提出："烟道水平部分的长度应小于 5 m，水平前端不应朝下倾斜，并应有坡向燃具的坡度。"本条规定与其一致。

**9.0.11** 现行行业标准《家用燃气燃烧器具安装及验收规程》CJJ 12第 4.6.9 条第 2 款提出："强制排气的排气管和给排气管的同轴管水平穿过外墙排放时，应坡向外墙，坡度应大于 0.3%，其外部管段的有效长度不应少于 50 mm。"本条规定与其一致。

# 10 门站、调压与计量

## 10.1 门 站

**10.1.3** 门站的站址首先应征得城市规划部门的同意，并符合城镇总体规划和燃气专项规划的要求，在选择与设计过程中要重视与城市周边景观的协调。

**4** 根据上海的实际地质情况，取消原规范中山洪、泥石流、滑坡等情况，增加潮汛和台风的影响。

**10.1.4** 本条对门站的工艺设计作出了规定。

**1** 增加气质检测设备，包括气体组分和气体杂质含量、高(低)热值和发热量、密度、华白数等相关检测内容。

**4** 根据国家标准《城镇燃气设计规范》GB 50028—2006 的第 6.5.2 条和《石油化工企业设计防火标准》GB 50160—2008(2018 版)的第 5.5.11 条的规定，门站内的放散参考间歇放散的要求设置。不同压力级制的放散管分别放散后，可最后汇总到一个放空总管，但应保证不影响不同压力放散点同时安全排放。

**10.1.5** 本条增加了撬装式调压计量撬的装置燃烧性能和耐火性能的要求。

## 10.2 调压站及调压箱

**10.2.2** 由于调压站(箱)的服务面较广，一旦发生故障，影响较大，压力的变化会直接影响用户的用气质量，故需有良好的稳定性和可靠的关闭性。调压站(箱)应有遇故障可紧急切断和自动切换的功能，还可采取遥控遥测设备等可靠的安全技术措施，确保安全、正常供应天然气。

**10.2.3** 调压站(箱)与其他建(构)筑物的水平净距参照现行国家标准《城镇燃气设计规范》GB 50028 对原规范进行了调整。无法达到该表要求又必须设置调压站(箱)时,采取有效措施可适当缩小净距。有效措施是指:有效的通风,换气次数不小于 3 次/h;加设天然气泄漏可燃气体报警控制器;有足够的防爆泄压面积(泄爆方向有必要时还应加设隔爆墙);严格控制火源等。

**10.2.4** 天然气次高压-中压调压站一般不直接供应用户,而是将次高压天然气管道的压力降低到中压压力,输入中压天然气管网。由于次高压的压力较高,一般均设在地面单独的建筑中,因此,本条提出了较高的安全技术要求。

**10.2.5** 中压-中压、中压-低压调压站单独设在室外地面上较好,在有条件时,四周设置围墙或护栏能有效地确保安全。考虑上海用地紧张的特殊情况,当不能单独设置时,可与用气建筑物毗邻;当不能与用气建筑物毗邻时,可设置在建筑物底层或地下一层靠外墙的房间内,这主要是考虑万一发生事故,靠外墙可以减少建筑物受损的范围,同时对于天然气管道的安装也比较方便。但这一规定是基于要有一系列安全措施为前提,如无有效的安全措施,调压箱还是不能进入建筑物的底层地下室内。

**10.2.6,10.2.7** 本条的规定与现行国家标准《城镇燃气设计规范》GB 50028 的要求一致。

**10.2.8** 本标准第 5.4.9 条和第 5.4.10 条是指天然气管道敷设在地下室、半地下室时的安全技术要求。本条是针对调压箱安装在地下室时尚需遵守的安全技术要求。

**10.2.9** 本条的规定与现行国家标准《城镇燃气设计规范》GB 50028 的要求一致。

**10.2.10** 单独用户的专用调压站(箱)是指该调压站(箱)主要供给 1 个专用用气点(如 1 个锅炉房、1 个食堂或 1 个车间等),并由该用气点兼管调压站(箱),经常有人照看,且一般用气量较小,可以设置在用气建筑物的毗连建筑物内或设置在生产车间、锅炉房及其他生产用气厂房内。

**10.2.11** 对于公共建筑，专用调压箱也可设置在用气建筑物的屋面。

## 10.3 天然气计量

**10.3.1** 目前，上海采用的计量表有膜式表、罗茨流量计、超声波表、超声波流量计、涡轮流量计等。

**10.3.2** 本条主要是指工业企业、公共建筑等用气单位所选用的天然气计量表应留有裕量，但也不宜过大，因天然气计量表一般都有一定的过载能力。条文中的推荐值是多年来经实测资料分析得出的数据。

**10.3.3** 本条对工业企业、公共建筑天然气计量表设置的位置作出了规定。

**1** 天然气管道通过处均应通风良好，通风换气次数工作时 3 次/h，事故时 6 次/h。

**3** 天然气报警控制系统的设置在本标准第 5 章中有说明。

**10.3.4** 本条对工业企业、公共建筑天然气计量表及房间作出了规定。原规范规定膜式表的工作环境温度应高于 0℃，这是为了防止气体中的水分结冰而作出的规定。由于天然气为干气，气体中不含水分，因此不存在结冰的问题，故删除工作环境温度高于 0℃的要求。

**10.3.6** 计量表宜采用物联网表并满足远程抄表要求。

# 11 管道及设备的安装

## 11.1 土方工程

**11.1.1** 管沟开挖要求：

**1～3** 参照现行行业标准《城镇燃气输配工程施工及验收规范》CJJ 33 的有关规定编制。

埋地燃气管道应敷设在坚实的土壤上，防止发生不均匀沉降而破坏管道的严密性。因此，对管沟挖土不准超深作了具体规定。管沟形状和宽度、深度等直接关系到工程的造价，它是编制预、决算的依据。

**2～6** 施工安全是工程的保证，管沟开挖后，如受到路面动、静荷载的作用，管沟两侧土方有坍塌的危险。为保证施工安全，应根据不同情况采取不同的支撑方式。边坡铅垂方向上高度与坡面水平方向上的投影长度的比值称为边坡率，边坡率为 $1:n$ 的形式（$n$ 为坡度系数）。

**7，8** 管沟沟底的质量是保证管道安全的基础，因此，本条规定，沟底凡是遇有硬物或软性土壤均应进行处理。

**11.1.2** 本条规定了回填土时的各种技术要求，其目的是在回填土施工时不致损坏燃气管道。

## 11.2 管材、管件、附件、设备的检验

**11.2.1** 采用合格产品是保证工程质量的最基本要求。

**11.2.2** 所用的材料、设备应与设计要求相符，才能发挥应有的功能。

**11.2.3** 本条是对钢管及管件的外观质量及尺寸偏差提出的基本要求。

**11.2.4** 本条是对铸铁管及管件的质量提出的基本要求，并强调了用于燃气工程的铸铁管的气密性要求。

**11.2.5** 本条参照现行行业标准《聚乙烯燃气管道工程技术标准》CJJ 63 的有关规定编制。

**11.2.6** 根据现行国家标准《工业金属管道工程施工规范》GB 50235 的有关要求，燃气阀门应逐个进行壳体压力试验和密封试验。

**11.2.7** 在安装前进行检查是基本的要求，特别是法兰密封面的质量，会影响连接的严密性。

**11.2.8** 本条是对非金属垫片的质量提出的要求，并根据燃气的性质，要求非金属垫片应具有耐燃气腐蚀的性能。

## 11.3 钢管施工

**11.3.1** 钢管施工前检查其质量及管道内的清洁，对管道竣工后的运行质量至关重要。

**11.3.2** 天然气属于干燃气，其管螺纹接口填料采用聚四氟乙烯带。

**11.3.4** 本条规定法兰连接的质量要求是为了保证法兰连接的严密性以及不阻碍气流的正常流动。螺栓紧固后，端部宜与螺母齐平是参照现行国家标准《工业金属管道工程施工规范》GB 50235 的有关规定。

**11.3.6** 本条系参照现行国家标准《现场设备、工业管道焊接工程施工规范》GB 50236 的有关规定。

**1** $\text{壁厚减薄率}=\dfrac{\text{弯管前的壁厚}-\text{弯管后的壁厚}}{\text{弯管前的壁厚}}\times 100\%$

$$\text{椭圆率}=\frac{\text{最大外径}-\text{最小外径}}{\text{最大外径}}\times 100\%$$

2　大小头的偏心值$=\frac{d_1-d_2}{2}$，其中，$d_1$为渐缩管大端管外径(mm)，$d_2$为渐缩管小端管外径(mm)。

**11.3.7**　钢管的焊接要求参照现行国家标准《工业金属管道工程施工规范》GB 50235 的有关规定，焊缝的质量不得低于Ⅲ级。因此，焊工资格应经过考试，符合现行国家标准《工业金属管道工程施工规范》GB 50235 中的Ⅲ级标准后，方可进行施焊。

同时，参照现行行业标准《城镇燃气输配工程施工及验收规范》CJJ 33 的要求，本条对管道的坡口型式和尺寸及管道、管件的组对要求作出规定，这些规定也符合现行国家标准《工业金属管道工程施工规范》GB 50235 的要求，目的是保证焊接质量。

**11.3.8**　本条规定焊缝质量达到Ⅲ级为合格，这就要求100%的焊口都要达到Ⅲ级标准。但对于焊口内在质量的无损检验的抽查数量，在规定百分比时，应考虑既要质量上安全可靠，又要经济合理。本条参照了两个规范，一个是现行国家标准《工业金属管道工程施工规范》GB 50235，另一个是现行行业标准《城镇燃气输配工程施工及验收规范》CJJ 33。本条选择了二者中要求较高者，即抽查15%。

## 11.4　钢管防腐

**11.4.1～11.4.7**　钢管的腐蚀按其性质可分为纯化学腐蚀和电化学腐蚀。纯化学腐蚀是金属直接和介质接触起化学作用而引起金属离子的溶解过程。而电化学腐蚀是金属和电介质组成原电池所发生的电解过程。

钢管在目前和今后天然气管道，尤其是压力较高的管道中的使用将越来越广泛，因为它具有以下优点：管径可按需要任意加工；耐压强度高；可预先加工成较长的管段，减少现场施工的困难。但钢管最大弱点是耐腐蚀性差，尤以埋地管道的外壁腐蚀最为严重。埋地管道外壁腐蚀基本上是土壤腐蚀，根据本市

1960年对全市埋地管道质量普查的结果，裸钢管埋地的寿命仅为20年，而铸管则可达到50年～60年。钢管经过外壁防腐处理后，则可达40年，寿命延长1倍。上海的土质属于海洋冲积滩，某些地区含盐类较高，加之城市供电行业及电气化交通发展较快，地下游离电子较多。再由于上海地下水位较高，诸多因素都会对钢管造成腐蚀。为此，本节对钢管防腐前的表面处理、防腐材料的选用、不同防腐结构的级别以及阴极保护等提出了要求，以保证天然气管道的安全运行。

异型管件包括埋地法兰、特殊工艺施工时所采用的特殊管件等，异型管件宜采用成熟可靠的防腐工艺，如柔性塑型防腐材料塑型，再缠绕防腐带的方式等。

## 11.5 铸铁管施工

**11.5.1** 铸铁管仅在原铸铁管的维、抢修项目中使用。铸铁管承插式接口是过去常用的施工方法，多年来实践证明，承插式接口容易造成燃气泄漏和管道断裂，现已被机械接口代替。柔性机械接口铸铁管目前有S型和N型，S型在承口内比N型增加了一道锁环，使插口不易被拔出，有利于接口安全，故本条强调采用S型机械接口。

**11.5.3** 本条是参照现行行业标准《城镇燃气输配工程施工及验收规范》CJJ 33的有关规定编制。铸铁管机械接口是靠橡胶圈的压缩作用来密封承插口之间的环形间隙，因此，对螺栓的拧紧矩有一定的要求，以保证橡胶圈的压缩率。根据多年来施工的实践经验，这一力矩的数值定为60 N·m。

## 11.6 聚乙烯管道施工

参照现行行业标准《聚乙烯燃气管道工程技术标准》CJJ 63的有关规定编写。

## 11.7 室内天然气管道及设备安装

**11.7.1** 本条是本标准第 5.5.4 条和第 5.5.5 条的具体实施,主要强调进户管道安装尺寸应符合规定,有利于室内外管道的连接。

**11.7.2** 本条的规定是使室内燃气管道能满足使用功能的要求,同时还考虑检修方便度。

针对超高层建筑的特点,对燃气立管底部支墩采用的材料及补偿器的选用作出规定,都是为了燃气管道的安全使用。

**11.7.3** 本条对各类天然气计量表的安装提出了要求,目的是使计量表使用安全和抄表、检修方便。

**11.7.4** 本条对各类用气设备(包括各类燃气灶、热水器)的安装提出要求,目的也是为了使用、检修方便。

## 11.8 室内天然气管道暗埋与暗封的安装

**11.8.2** 本条根据铜管、不锈钢软管的特性编写,以加强产品的保护。

**11.8.3** 本条对铜管、不锈钢软管的外观质量及尺寸偏差提出基本要求。

**11.8.4** 本条强调管道暗埋部分除铜管外不得有接口,铜管与阀门、分路器等的连接采用焊接连接,以保证连接质量。

**11.8.5** 本条参照现行国家标准《铜管接头》GB/T 11618 附录 A 编写。

**11.8.6** 暗埋管道的管槽表面不得有尖角等突出物,以防管道表面的保护层在安装时划伤。管道试压合格后及时用水泥砂浆填补,以防交叉施工时碰撞。

**11.8.7** 本条对暗埋管道的固定件及固定方法提出要求。鞍形管箍的形式见图 3,用木螺丝固定,位置设置在管道转弯处及进、出墙处,以便暗埋管道的固定。管道直管长度超过 2 m 增设管箍是为了防止暗埋管道在墙壁内或管槽内拱起。由于铜管和不锈钢软管较软,与用气设备连接的阀门应用专门的支架固定在墙上。

**图 3　鞍形管箍示意**

# 12　试压与验收

## 12.1　一般规定

**12.1.1,12.1.2**　根据不同规范,对钢制管道工程均要求在投产前进行清管和吹扫。此 2 条参照现行行业标准《城镇燃气输配工程施工及验收规范》CJJ 33 的有关条文,并考虑到清管与吹扫的不同工艺特点及在实际中的可操作性,规定了清管及吹扫的不同适用范围。

**12.1.3**　本条的规定与现行行业标准《城镇燃气输配工程施工及验收规范》CJJ 33 一致。

## 12.2　地下管道的清管

本节主要参照现行行业标准《输油输气管道线路工程施工及验收规范》SY 0401,规定了清管的具体要求。

## 12.3　地下管道的吹扫

**12.3.1**　吹扫气体的流速不小于 20 m/s 是保证管道能吹扫干净的条件之一。验收吹扫是否合格时,其气体的流速也应在 20 m/s 左右,流速过低不能证明检验结果是合格的。

**12.3.2～12.3.9**　此几条主要参照现行行业标准《城镇燃气输配工程施工及验收规范》CJJ 33 的有关条文。

## 12.4 强度试验

**12.4.1～12.4.6** 强度试验实际上是一种预试，把管道明显的泄漏点检查出来。强度试验要求参照现行行业标准《城镇燃气输配工程施工及验收规范》CJJ 33 和《城镇燃气室内工程施工与质量验收规范》CJJ 94 的有关条文编写。

对于压力表的精度等级，现行行业标准《压力管道安全技术监察规程——工业管道》TSG D0001 规定应不小于 1.6 级。

对于中压管道规定的最低试验压力，是由于中压压力级制是 0.01 MPa$<P\leqslant$0.4 MPa，压力差别较大，如试验压力只规定为设计压力的 1.5 倍，对于小于 0.1 MPa 压力的管道，试验压力显得太小，故本条规定了中压管道最低的强度试验压力，以便根据管道的不同设计压力情况正确选择。

**12.4.7** 本条主要参照现行行业标准《城镇燃气室内工程施工与质量验收规范》CJJ 94 的有关条文。

## 12.5 严密性试验

**12.5.2** 严密性试验规定的依据是：

**1** 参照了现行国家标准《工业金属管道工程施工规范》GB 5023的有关规定。

**2** 参照美国标准《输气和配气管线系统》ANSI/ASME B 31.8 的有关规定。

## 12.6 工程竣工验收

**12.6.3** 参照现行行业标准《城镇燃气输配工程施工及验收规范》CJJ 33 的有关条文编写，规定了验收时应具备的技术文件；并结合本市的实际情况，规定了参与验收的单位和验收方法。